もっと～わけあって絶滅しました。

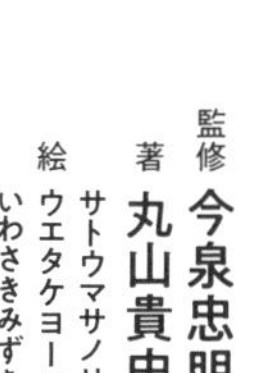

監修 今泉忠明
著 丸山貴史
絵 サトウマサノリ
ウエタケヨーコ
いわさきみずき

世界一おもしろい
絶滅した
いきもの図鑑

ダイヤモンド社

はじめに

およそ40億年前に生き物が誕生してから、
地球ではさまざまな絶滅があり、現在にいたりました。
そしてこの本では、わたしたちの目を「今」に向けています。

近年になって、地球のことや自然のこと、生き物のことが
ようやく少しずつわかってきました。

・生き物は、絶滅と進化を繰り返してきた
・人間もその中で進化してきた
・地球上にはおよそ190万種の生き物がいる
と同時に、科学者たちは生き物がどんどん減っていることにも気づきます。

そうして、人間も生き物なので、生き物がいなくなった地球上には
人間もすめなくなってしまうかもしれないと考えるようになりました。

今わたしたちは、地球の自然が完全に壊れてしまうかどうかの境目にいるのです。
なぜそんなことが起こっているのでしょうか。

その「なぜ」を考えるために、この本では
絶滅してしまったもの、
絶滅したと思われていたけれどまだひっそりと生き残っていて再発見されたもの、
絶滅どころか大いに栄えているもの
……など、さまざまな立場の生き物たちを紹介しています。

もっともっと、わたしたちは自然のしくみのことを
学ばなくてはならないと思うのです。

今泉忠明

地球の歴史は絶滅の歴史。

絶滅とは、その種類の生き物が、この世から1匹残らず消えることです。

地球が誕生して以来、数え切れないほどの生き物が生まれそして絶滅してきました。

地球誕生　46億年前

地球の歴史　スタート

スーパープルーム！

アチ〜！

ウミサソリさん

2億5000万年前

地球の内部からマグマのかたまりがふき上がる

ファソラスクスさん

カラカラやん

2億年前

火山が大噴火

プフー

コノドント動物さん

アンモナイトさん

ティラノサウルスさん

ドシッ

6600万年前

地球に巨大な隕石がぶつかる

環境が変化するたびに、それまで栄えていた生き物が滅び、
また新しい生き物が進化して栄える。
絶滅と進化を繰り返し、地球は多種多様な生き物がくらす
豊かな星になったのです。

古細菌さん

酸素が苦手〜

ディッキンソニアさん

食べられた〜

20〜18億年前
海の中が酸素でいっぱいになり、空気中にもあふれ出す

5億4000万年前
目をもつ生き物が登場

じっ…

アノマロカリスさん

4億4000万年前
突然、強い紫外線が降りそそぐ

フデイシさん

ガンマ線バースト！

息ができないっ

3億7000万年前
海の中の酸素がなくなる

ダンクルオステウスさん

寒っ

パラケラテリウムさん

木の葉がなくなった〜

2300万年前
地球が乾燥して森が草原に変わる

プテラノドンさん

そして

その結果、地球に
「ある変わった特徴をもつ
生き物」が登場します。
いったい、どんな
生き物なのでしょうか……？

なんてこった！
地球は人間の星になっちゃいそう！

人間の特徴、それは
「環境を変える能力」がものすごく高いこと。
その能力をいかし、人間は長い時間をかけて
地球を「人間がすみやすい星」に
変えてきたのです。
これにより人間は繁栄しましたが、
一方でほかの生き物にとっての
「すみやすい環境」を変えてしまい
絶滅させてしまうようにもなりました。
そういうわけで、地球は今、
人間の星になりかけているのです。

それは
人間
です！

えっ、
わたしの
ことですか!?

すごくざっくり　人間繁栄ヒストリー

およそ700万年前。森が減って草原に追い出された人間は、遠くを見たり自分を大きく見せたりするために…

立った!
お!なんか手が自由に使えるぞ!

立ち上がったことで、背骨で重い頭を支えられるようになり、人間の脳は大きくなった。

つまり…

頭のよさと手先の器用さをいかして、自分たちに合わせて「環境を変える」ことをはじめた人間。

人間向けにいろんなモノをつくり……

地球の資源を利用して……

地球上のどの生き物より広い地域にすみ、そして最もほかの生き物を滅ぼす生き物になった。

だけど人間は地球に勝てない。

対応できないほどの気候の変化

二酸化炭素やメタンなどの
「温室効果ガス」を出し続けると……

↓

地球の気温が高くなる。南極大陸などの
氷がとけて、島が沈没することも

未知のウイルスや細菌との遭遇

山や森を切り開き、
人間がすむ場所を広げていくと……

↓

新たな病原性のウイルスや細菌に
感染することがある。人間は密集して
くらしており、頻繁に移動するので、
感染力が強いと一気に広まる

環境を変える能力を手に入れた
人間は、無敵の存在になった
……わけではありません。
人間が環境を変えすぎたり、
資源を使いすぎたりした結果、
地球規模の問題が
発生することもあります。
そうなると、もはや人間は
太刀打ちできないのです。

このように、人間は地球から思わぬ「しっぺ返し」をくらう可能性があります。しかもこのしっぺ返しには、ほかの生き物まで巻きこんでしまうかもしれません。地球をみんなにとってすみづらい星にしないためには、環境を変えすぎず、ほかの生き物たちと「共存」していくことが大切です。

地球の資源がなくなる

石油や石炭などの化石燃料を使いすぎると……

↓

そのうちなくなり、便利な生活が続けられなくなる

現在の日本のように、毎日200ℓ以上の水を世界中の人が使うと……

↓

人間の人口はどんどん増えているのでたりなくなる

さらに、人間のせいではない大災害だって起こる。
地球から見れば、人間はたくさんの生き物のなかの1種にすぎないのだ。

たかが1種、されど1種だよ 絶滅は。

地球上には、知られているだけでも
190万種もの生き物がいます。
だから、そのなかの1種が絶滅したくらいでは
大きな影響はないと思うかもしれません。

でも、すべての生き物は、
複雑にかかわりあいながら生きています。
たった1種がいなくなるだけで、
ガラリと環境が変わってしまう
ことだってあるのです。

逆に言うと、たった1種の絶滅を防ぐことが、
たくさんの生き物や、それらをとり巻く環境を
守ることにつながるかもしれません。

大きな森を
まるごと
崩壊させて
しまうことも
あるのだ

地球の中で、1種の生き物の存在は、
とてつもなく重いのです。

知ることだけが、武器になる。

じつは人間は、
「環境を変える能力」のほかにも
もう一つ、変わった能力をもっています。

それは「記録する」能力です。

今まで起きた
絶滅について、
人間は記録を積み重ね、
次の世代に伝えてきました。

だから、
今の時代を生きる
わたしたちは、
過去の人たちよりも

たくさんのことを知り、
考えることができるのです。

残念ながら、
絶滅してしまった生き物は
よみがえりません。
でも、彼らが絶滅した
理由を知り、どうして
そうなったのかを考えていけば、
新たな絶滅を減らすヒントが
きっと見つかります。

知ることは、
未来を変える武器なのです。

ね？これはもう
おれたちのこと
知るっきゃないでしょう？

もくじ

1 よかれと思って、絶滅

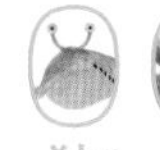
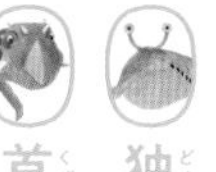

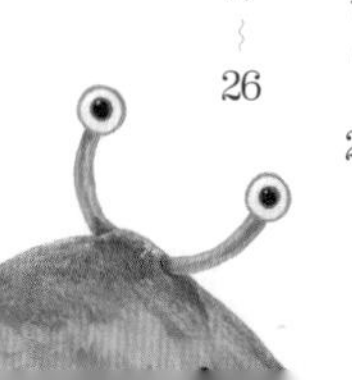

予想外に、絶滅 2

理不尽に、絶滅 3

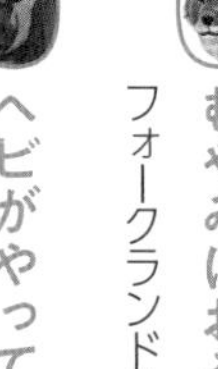

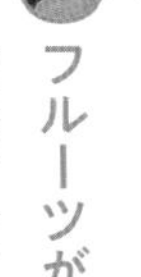

わけあって絶滅しそうです4

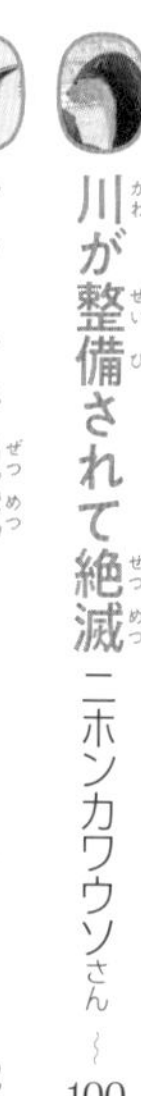

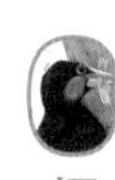
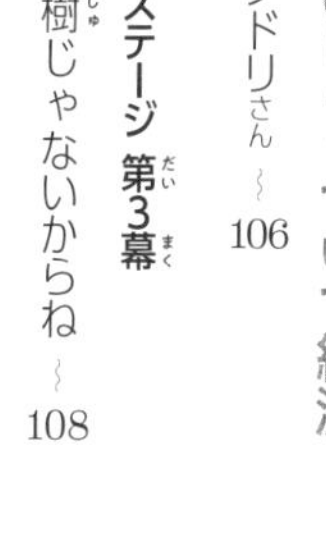

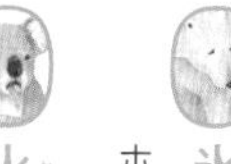

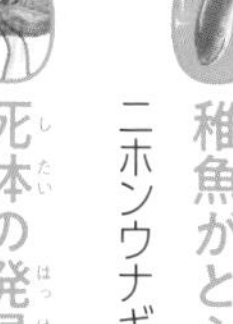

5 絶滅した…と思ったら生きてた

6 わけあって繁栄しました

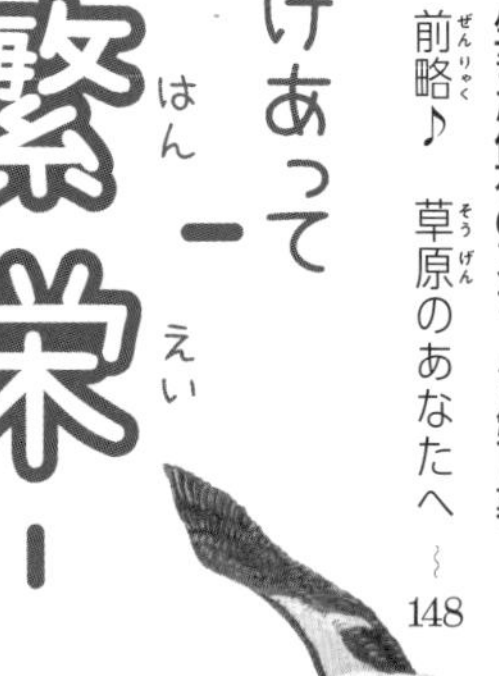

※ 本書でご紹介する絶滅理由には、諸説あるものがあります

この本のオツな楽しみ方

この本は、だれが、いつ読んでも、どこから読みはじめてもかまいません。
ただひたすらに語られる、いろんな生き物たちの絶滅理由に
耳をかたむけてみてください。

ところで、みなさんは「データ」のおもしろさを知っていますか?
この本には、じつはいろんなデータが載っています。
気が向いたら、こちらを参考にデータを味わってみるのも
いいかもしれません。

❶ 基本データ

生き物のリアルな姿や、体の大きさ(生き物によって測り方が違う)、食べ物、生息地などがわかる。「こんなもの食べていたんだ」とか「なんだか寒そうな場所にすんでいたんだな」なんて、その生き物のことを深く知るのもいいし、ほかの生き物とくらべてみるのもいい。

❷ 解説

生き物の生態や、絶滅した理由がくわしくわかる。基本データとあわせると、彼らが生きていたときの様子を想像しやすいかもしれない。

❸ 生息年代

その生き物がいつ現れ、いつ絶滅したのか、パッと見ただけでざっくり期間がわかる。ずいぶん長いあいだ生きていたものもいれば、あっという間に滅んだものもいる。

新生代						
古第三紀			新第三紀		第四紀	
暁新世	始新世	漸新世	中新世	鮮新世	更新世	完新世

←今はここ

私たちが生きている「今」は新生代にあたる。新生代は大きく3つの「紀」に区分されるが、じつはさらに細かい7つの「世」に分けられる。ややこしいので生息年代には載せていないが、知っておくとより正確な絶滅情報を得られる。

※ 近代以降の「絶滅年代」は、「絶滅宣言がされた年」ではなく、「最後に生存が確認された年」または「調査をしても発見できなくなった年」を示しています

それでは、どうぞ、気の向くままに。

よかれと思って、絶滅

進化はじつに難しい
よかれと思って手に入れた
武器や体の特徴が
裏目に出ちゃうこともある
ナンテコッタ、コリャまいったね

骨ばっかり食べてたら絶滅

エピキオンさん

これは…間違いない、シンテトケラスの死体…！まさか、こんなところでお目にかかれるとは…僥倖…なんという僥倖っ！

……ばり…ぼり…ばり……

くうう〜っ…**この骨の歯ごたえ、その中にある骨髄のウマさといったら…**犯罪的だっ！

死体を食べるなんてナンセンス？……否！**狩るのが難しいデカい動物も、死体なら逃げねぇ…。**つまり！

死体は最高の、食事っ…！

……ばり…ぼり…ばり……

死体を骨の髄までしゃぶりつくし、おれは手に入れた。**※サーベルタイガーにも負けない圧倒的、力！**

100kgをこえるこの巨体ならとれる…北アメリカの王座を…！

と思ったらところがどっこい！**最近、デカい動物の死体が激減している…！**

このままでは…餓死っ…！

どぉじでだよぉっ！

※ここではマカイロドゥスのこと

こうすりゃよかった

死体にすべてをかけたことに…圧倒的後悔っ……！

絶滅年代	新第三紀（中新世末）
分類	ほ乳類
大きさ	体長1.5m
生息地	北アメリカ
食べ物	動物の死体

頑丈なアゴで獲物の骨までかみくだく、ハイエナのような進化をしたイヌの仲間。当時の北アメリカには、ラクダやゾウの仲間などの大型草食獣がたくさんいた。彼らはその死体を食べることで、大型化していったようだ。ところが、大型化したせいでイヌなのに走るのが苦手になってしまった。そのため、中新世末に大型草食獣の数が少なくなると、狩りもできずに食料不足で絶滅したのだろう。

先カンブリア時代	古生代						中生代			新生代		
	カンブリア紀	オルドビス紀	シルル紀	デボン紀	石炭紀	ペルム紀	三畳紀	ジュラ紀	白亜紀	古第三紀	新第三紀	第四紀

トゲの維持がきつくて絶滅

やっぱこのトゲ気になっちゃう感じ？　たいしたもんじゃないけど…ちょっと説明聞いてく⁉

では…（コホン）。「わたくしの背中に見えまするは、先祖代々伝わる14本のトゲでございます。このトゲ、最初はイボのように小さかったものが、なんと偶然、敵を追いはらうのに役立った！　それからというもの、トゲはぐんぐんのび、今ではかみつこうとしてくる不届き者の口をブスリブスリと刺して追い返す、わが肉体の守り神と相成りました。めでたしめでたし。」

ふう…。**うん、もう腐るほど同じ説明してる。**だって聞いてほしいんだもん。大変なのよ、トゲを維持すんの。**すっごいじゃまだし。歩くのもつらい。**でも捨てらんないじゃん。いちおう守り神だし。だからこうして見せびらかしてんの。

……え、もう帰んの？

ハルキゲニアさん

こうすりゃよかった

身のたけに合った生活をすべきだったわ

絶滅年代	カンブリア紀中期
分類	葉足動物類
大きさ	全長2.5cm
生息地	カナダ、中国
食べ物	不明

やわらかそうな細長い体に7対のトゲをもつ、三葉虫などの節足動物の遠い親戚。三葉虫は「体の表面全体を硬くする戦略」で大成功したが、ハルキゲニアは「長いトゲだけ硬くする戦略」を選んだようだ。このトゲは身を守るのに役立つが、長くなるほどつくったり維持したりする負担は大きくなる。その結果、コスパが悪くなり、ハンターの進化についていけずに絶滅したのかもしれない。

先カンブリア時代	古生代						中生代			新生代		
	カンブリア紀	オルドビス紀	シルル紀	デボン紀	石炭紀	ペルム紀	三畳紀	ジュラ紀	白亜紀	古第三紀	新第三紀	第四紀

第4回
北アメリカ獣肉争奪戦
獲物まっしぐらで絶滅
先のことなんも考えてなかった――
ダイアオオカミさん
じっ…
ハイイロオオカミさん
アメリカマストドンさん

1 よかれと思って、絶滅

★さあ、レースもいよいよ大づめです。獲物を目指してデッドヒートを繰り広げるのは2匹の野獣！**自慢のパワーで猪突猛進のダイアオオカミと、冷静な判断力がもち味のハイイロオオカミだーっ！**
◎これはどちらが勝ってもおかしくありませんね〜。
★おっと…!? **獲物が沼にはまっているうっ！**絶好のチャァアンス！
◎これは先に飛びかかったほうが勝ちですよ〜！

★両者横並びのまま沼に到着ぅ！先に跳んだのは…ダイアオオカミだああっ！一方ハイイロオオカミは…様子をうかがっているぅ！
◎これは思い切りのよさが明暗を分けましたね〜。
★勝利の雄たけびをあげるダイアオオカミ！非常に晴れやかな表情で獲物に食らいつきます…が、おっと？**沼がドロドロで動けない！な、なんとまさかの展開で獲物とともに沈んでいったああーっ！**

こうすりゃよかった
立ち止まることが勝利につながることもあるんだな！

絶滅年代	9400年前
分類	ほ乳類
大きさ	体長1.4m
生息地	北アメリカ、南アメリカ
食べ物	大型草食獣

現在のハイイロオオカミよりやや大きく、筋肉質で体重が重かった。警戒心はあまりなかったようで、天然アスファルトの沼から化石がよく見つかるのは、沼にはまった獲物に飛びかかり、いっしょに沈んだ結果だと思われる。動きのにぶい大型草食獣が多かった時代には「がむしゃらに突っこむスタイル」で成功をおさめたが、大型の獲物が減ると、それが不利に働き絶滅したのだろう。

先カンブリア時代	古生代						中生代			新生代		
	カンブリア紀	オルドビス紀	シルル紀	デボン紀	石炭紀	ペルム紀	三畳紀	ジュラ紀	白亜紀	古第三紀	新第三紀	第四紀

右の歯だけのばしすぎて絶滅

お嬢さん。ぼくの歯に見とれてるのかい？
今のぼくの気持ちをたとえるなら「午後から雨降ると思って傘持ってきたけど、すごく晴れちゃった日の帰り道」って感じかな。**うん、シンプルに言うと、すごく歯がじゃまだ。**
なんで右の歯だけ後ろに1ｍものばしたのかって？
そうだね、たとえば人間に

も、下アゴだけヒゲを生やしている男がいるだろ？**あれは生きるうえではまったく意味がない。**ぼくの歯も同じだよ。「メスにモテたいから」。それだけさ。

そうだね、この長い歯のせいで、すこぶる泳ぎにくいことはたしかさ。巨大ザメのメガロドンにも食べられがちだ。**でもね、オシャレに我慢はつきものだよ。**飲みもしないタピオカのカップを持って歩く若者と同じ。いらなくなっても捨てることなどできないのさ。

こうすりゃよかった
異性の目なんて
気にしなければ、
自由に生きられたかもね

絶滅年代	新第三紀（鮮新世後期）
分類	ほ乳類
大きさ	全長2.5m
生息地	ペルー
食べ物	二枚貝

右側の前歯が体の後ろに長くのびていたハクジラの仲間。この牙はオスだけにあったようなので、メスにモテるためのものだろう。左右のバランスが悪く泳ぎにくいはずだが、彼らは海底の二枚貝から身を吸い出して食べていたため、速く泳ぐ必要がなかったのかもしれない。しかし、メガロドンなど大型のハンターが現れると、泳ぎの遅さがあだとなり、絶滅した可能性がある。

先カンブリア時代	古生代						中生代			新生代		
	カンブリア紀	オルドビス紀	シルル紀	デボン紀	石炭紀	ペルム紀	三畳紀	ジュラ紀	白亜紀	古第三紀	新第三紀	第四紀

エラスモテリウムさん

草に執着して絶滅

私はエラスモテリウム。

巨体だが、草しか食べない草原理主義者だ。

草はいい。食べたいときに手軽に食べられる。肉食獣のように獲物を追いかける必要もない。草は逃げない。これは重要である。

私の体は、草を食べることにしか興味がない。草をむしりやすいように唇はやわらかく、草を粉々にすりつぶすために奥歯は厚く硬い。たまに砂が口に入って、歯がすり減ることもあるが問題ない。私の歯は長くて一生なくならないのだから。

だが、近ごろの地球は寒すぎる。あれだけあった草が目の前から消えてしまった。もはやコケしか見つからない。危機的状況である。

南に移動したほかのサイは木の葉を食べるようだが、ありえない。たとえ「手軽に食べられなくなってて草」と笑われようが、今日も私は草を追い求めるのだ。

絶滅年代	3万9000年前
分類	ほ乳類
大きさ	肩までの高さ2m
生息地	ユーラシア
食べ物	草

最長の角をもっていた、最大のサイ。角の長さは2mとされているが、今のところ角の化石は見つかっていない。サイの角は毛が束になったようなものなので、化石になりにくいのだ。そのため、角をのせる頭骨の「角座」のサイズで長さを推測している。彼らは氷河時代に広大な草原で草だけを食べていたが、気候の変化によって草原が縮小すると、ほかの植物を食べられずに絶滅したようだ。

先カンブリア時代	古生代						中生代			新生代		
	カンブリア紀	オルドビス紀	シルル紀	デボン紀	石炭紀	ペルム紀	三畳紀	ジュラ紀	白亜紀	古第三紀	新第三紀	第四紀

独特すぎて絶滅

ふむ…。人間って不思議な生き物だね。ずいぶん硬そうな背骨をもっている。**背骨がないボクは、体がしなやかだけど…。**

それから、その口。顔にくっついてたら不便じゃないか？ **ボクの口はクレーンゲーム機のアームみたいにのびてるから、楽に魚を捕まえられる。**

眼だってホラ、こうやっ

て飛び出してたほうが広い範囲を見られる。キミの顔は、パーツの配置が平面的すぎるんじゃないか？

解せないな…。ふつうに考えたら、ボクみたいな姿がベストだよね？違う？

……え。**ボクらみたいな生き物はほかの海にはいない…？**ていうか、ほかの海とは？海ってこの「メゾンクリーク」だけじゃないの？え、初耳なんだけど。

ボク、いちおうこのへんでは最強っていわれてるんだけど、もしやずれてる？

こうすりゃよかった

だれしも自分こそが「ふつう」だと思いこんでいるのさ

絶滅年代	石炭紀末
分類	未確定
大きさ	全長35cm
生息地	アメリカ
食べ物	魚など

アメリカの石炭紀末の地層「メゾンクリーク層」における、最大のハンター。軟体動物のゾウクラゲ、または脊椎動物のヤツメウナギに近いという説はあるものの、姿の似た生物が見つかっておらず、いまだ正体は不明。彼らは独特すぎる進化をとげた結果、たまたまメゾンクリーク層では成功をおさめたが、ほかの環境では実力を発揮できず、環境の変化とともに絶滅したのだろう。

見てるよ～

先カンブリア時代	古生代						中生代			新生代		
	カンブリア紀	オルドビス紀	シルル紀	デボン紀	石炭紀	ペルム紀	三畳紀	ジュラ紀	白亜紀	古第三紀	新第三紀	第四紀

首がむき出しで絶滅

もしも、フリルがあったなら…

リャオケラトプスさん

フリル→

プシッタコサウルスさん

ンマー！ なんてことザマしょ！ **首に小さいフリルなんかつけて！** あの子、リャオケラトプスさんちのお嬢さんよね？ もしかして不良かしら？

だいたいフリルなんてつけたら、頭が重くなるザマしょ？ 二足歩行がきつくなって、前足をつきながら四足歩行をする未来が見えるザマスわ。**我がプシッタコ家はムダなものをはぶくことで大成功したザマス！**

前足の指だって4本に減らしてるザマスわよ。**「フリルがあれば肉食恐竜から急所の首を守れる」なんて言ってるザマスが、植物食恐竜は逃げ回るのがいちばん！** フリルで防御なんて、ムダな努力でございましょうねぇオホホホ！

えっ、トリケラトプスってなんザマスか？ へぇ…た、たしかに強そうザマスが…。べ、べつにうらやましくなんかないザマス！

こうすりゃよかった
流行に敏感でいるべきでしたわ

絶滅年代	白亜紀前期
分類	爬虫類
大きさ	全長1.8m
生息地	アジア
食べ物	植物

トリケラトプスなどの角竜は、首をおおうフリルを発達させたため頭が重くなり、前足の5本の指をついて四足歩行することで大型化した。しかし、プシッタコサウルスには角竜の特徴であるフリルがなく、前足の指は4本に減っている。彼らは余分なものを手放すことで成功し、一時は大繁栄したが、それは進化の方向性をせばめることにもなり、子孫を残せなかったのかもしれない。

先カンブリア時代
古生代：カンブリア紀、オルドビス紀、シルル紀、デボン紀、石炭紀、ペルム紀
中生代：三畳紀、ジュラ紀、白亜紀
新生代：古第三紀、新第三紀、第四紀

ファルカトゥスさん

メスのファル姐（ねえ）

↑内側（うちがわ）はざらざら

オスのカト坊（ぼう）

取（と）っ手（て）みたいな背（せ）ビレがじゃまで

絶滅（ぜつめつ）

♠フ、ファル姐さん！ ちょっと時間いいっすか!?

♡どした？ 気合い入ってんじゃやねーかカト坊。目えキマッてんぞ？

♠いや、目つきが悪いのは元からっす…。そ、それより姐さん！ 見てくださいよ、おれの背ビレを！

♡**なんだその取っ手みたいなやつは？** 持とうか？

♠違いますよ！ おれ、背ビレのばしたんすよ。一人前のオスの証っす！

♡あん？ カト坊、勝手に背ビレ改造すんなよ。捕まんぞ？ 知らんけど。

♠**おれ…姐さんにふり向いてほしくて背ビレのばしたんです！ つ、つき合ってください！**

♡いや～。ないわ。

♠ちょ、断るの早すぎません!? メスはみんなこういう背ビレが好きって、先輩が言ってたのに…。

♡んー…なんつーかさ…**じゃまじゃね？ それ。**

こうすりゃよかった
「メスに合わせすぎる
のもよくない」って
先輩言ってました

絶滅年代	石炭紀中期
分類	軟骨魚類
大きさ	全長25cm
生息地	アメリカ
食べ物	プランクトン

魚ではめずらしく、軟骨魚類は交尾をする。ギンザメという軟骨魚類のオスは、交尾のときに額のざらざらした突起でメスの体をつかむが、ファルカトゥスのオスの背ビレも似たような役割だった可能性がある。ただし、背ビレがここまで長くなったのは、長いほうがメスにモテたからだろう。しかしその結果、オスは生きづらい体になり、環境の変化に弱くなって絶滅したのかもしれない。

先カンブリア時代	古生代						中生代			新生代		
	カンブリア紀	オルドビス紀	シルル紀	デボン紀	石炭紀	ペルム紀	三畳紀	ジュラ紀	白亜紀	古第三紀	新第三紀	第四紀

草原ブームにのりそこねて絶滅

進化の最先端をいくプリオヒップスさん

カロバティップスさん

とつぜんの足くらべコーナー

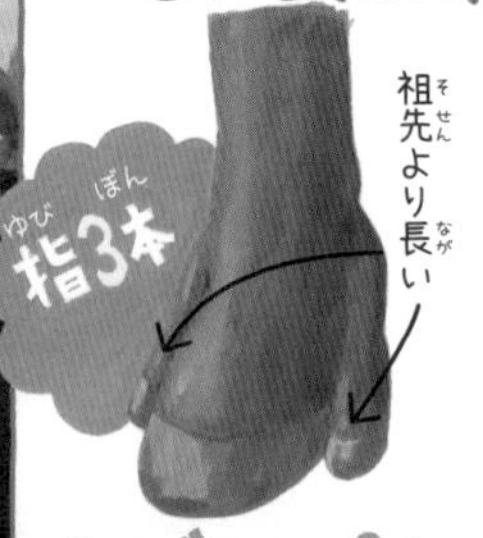

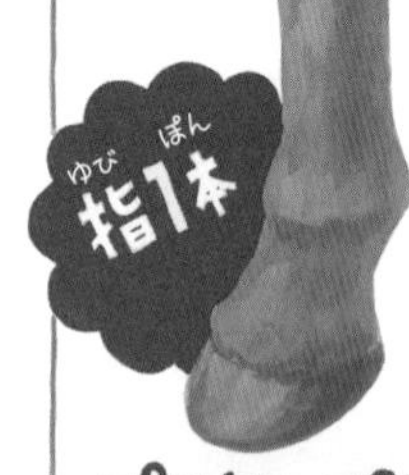

1 よかれと思って、絶滅

あのさ。最近森が減ってきたからって、すぐ草原に出て行くようなやつは、マジで向いてないからウマやめたほうがいい。おまえら全員肉食獣の養分になるのが目に見えてる。

ここ数百万年で地球が乾燥してきたのはたしかだよ。でも100万年って、地球の歴史の4600分の1にすぎないから。そんなスケールの小さな視点で、草原用に進化のステータス全振りするとかありえんわ。

体大きくしたら肉食獣に見つかりやすくなるっつーの。あと、指の数減らしたほうが摩擦が小さくて走りやすいとか（笑）。**走るの速くなっても、ふんばりきかなくてこけそう（笑）。**

まあ見てなって。そのうちまた森が増えはじめるから。だから今は、あえて「森でくらす」。これが時代に逆張りするプロの勝ちパターンよ。わかる？

こうすりゃよかった
まさか草原ブームが終わらないとは（汗）

絶滅年代	新第三紀（中新世後期）
分類	ほ乳類
大きさ	肩までの高さ70cm
生息地	アメリカ西部
食べ物	木の葉

ウマの仲間は化石が豊富で、5本指のヒラコテリウム（森林でくらし、柴犬サイズ）から、1本指のエクウス（現在のウマ）まで、進化の過程をたどることができる。そのため、進化は一本道に思えるが、子孫を残さず絶滅した系統も多い。カロバティップスは草原に進出した祖先が、再び森に戻った系統。だが、ねらいが外れ、森が減って草原が広がったため、生息地がせばまって絶滅したのだろう。

ノープランで巨大化して絶滅

リードシクティスさん

今月末をもって、我々リードシクティスは絶滅することになりました。敗因ですか？　急な巨大化のせいかもしれません。

プランクトンってね、「食べ放題」なんです。口を開けて泳いでいれば、勝手に飛びこんでくるんですから。

しかも、プランクトンをこしとって食べる巨大魚って前はいなかったので、ど

とにかくデカい（ほかに武器なし）

んどん食べてどんどん大きくなったわけです。

敵対勢力の調査？……してませんね。**巨大化したら、結果的に無敵だったので。**歯は小さすぎて武器になりませんし、速く泳ぐこともできませんが、まあ大きいので問題ないかなと。

ところが最近、海ワニとか首の短い首長竜みたいな、大型肉食爬虫類が出てきましてね。ばんばん食べられてるんですわ。**自分が「食べられ放題」っていうのは、想定外でしたねぇ。**

あ〜〜ん

こうすりゃよかった

成功にあぐらをかかず、次の一手を考えるべきでした

絶滅年代	ジュラ紀後期
分類	硬骨魚類
大きさ	全長16m
生息地	ヨーロッパ、南アメリカ
食べ物	プランクトン

全長16m、体重40tもある史上最大の硬骨魚類。大型のジンベエザメに匹敵する大きさで、リュウグウノツカイより長く、マンボウより重い。彼らがここまで大きくなれたのは、プランクトンをこしとって食べるライバルがいなかったためだろう。しかし、ジュラ紀後期に口の大きな肉食の海生爬虫類が増えてくると、体が大きいだけのリードシクティスは簡単に狩られた可能性がある。

先カンブリア時代	古生代						中生代			新生代		
	カンブリア紀	オルドビス紀	シルル紀	デボン紀	石炭紀	ペルム紀	三畳紀	**ジュラ紀**	白亜紀	古第三紀	新第三紀	第四紀

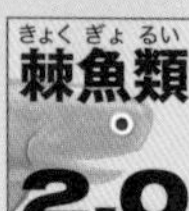

『棘魚類2.0』 アカントーデス（著）

★★☆☆☆ 評価の数134

勝てる進化のコツは、「捨てる」ことにあった…！

石炭紀に現れ、世界中の川に生息域を広げた気鋭の魚、棘魚類のアカントーデスがはじめて語る、逆転のメソッド。

■ 食事はかむな、のめ。
〜歯を捨てて、プランクトンをこしとろう〜

■ もう、トゲはいらない。
〜トゲの本数を減らすほどスピーディーに泳げる〜

僕らの未来は、もっとシンプルで豊かになっていく！

⌄ 続きを読む

プルでいい。

シンプルになって絶滅

アカントーデスさん

上位の批判的レビュー

ZTMT03

★☆☆☆☆ **時代遅れのメソッドですね**

この著者、最近見ないと思ったら絶滅してました。石炭紀の次の時代（ペルム紀）からは、現代と同じように「硬骨魚類」が大繁栄しています。この考え方は古すぎて、今の時代では役に立ちません。

15人のお客様が役に立ったと考えています

こうすりゃよかった
あらがえない時代の流れもあるんですよ

魚は、シン

クリマティウスさん

トゲが15本もあった

ヒレに多数の「棘」をもつ棘魚類は、最初期にアゴをもった魚のグループ。川や湖を中心に繁栄していたが、しだいに時代遅れになり衰退していった。そんななか、特徴的なトゲの数を減らして歯まで失い、高速で泳ぎながらプランクトンを食べるように進化したのがアカントーデスだ。これにより彼らは一時的にまた繁栄したが、結局、硬骨魚類の台頭によって絶滅してしまったようだ。

絶滅年代	ペルム紀前期
分類	棘魚類
大きさ	全長30cm
生息地	北アメリカ、ヨーロッパ、アフリカ、オーストラリア
食べ物	プランクトン

先カンブリア時代	古生代						中生代			新生代		
	カンブリア紀	オルドビス紀	シルル紀	デボン紀	石炭紀	ペルム紀	三畳紀	ジュラ紀	白亜紀	古第三紀	新第三紀	第四紀

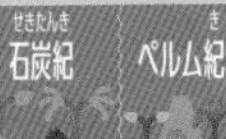

上には上がいて絶滅
NEW!
ライバル①
ピューマさん
NEW!
ライバル②
アルクトドゥスさん
NEW!
ライバル③
スミロドンさん
獲物にされた
ウマさん
ティタニスさん

ウマ　くっ…おれの負けだ！

ティタ　ふっ、アタシをただのデカい鳥だと見くびったのが運の尽きだったね。

ウ　あんた…何者なんだ？

テ　アタシは南アメリカからやってきたティタニス。**南アメリカの頂点捕食者にして、「恐鳥類」の最新モデルさ！**

ウ　きよ、恐鳥類…だと…？

テ　そう、アタシの祖先は恐竜、しかもティラノサウルスと同じ獣脚類よ。**アタシは鳥としての飛ぶ能力を捨て、恐竜のような体を再び手にしたのさ！**

ウ　ク…ククク、笑わせる。

テ　なっ…なにがおかしい？

ウ　**体はデカいが、鋭い牙も前足の爪もないじゃねぇか。**それじゃ「大型肉食獣」のすむ、ここ北アメリカでは生き残れねぇよ！

テ　**お、大型肉食獣…？**

ウ　後ろを見な…。ライバルたちのお出ましだぜ？

テ　コイツら…強いッ…！

こうすりゃよかった
戦う相手と場所を選ぶべきだったわね

絶滅年代	第四紀（更新世前期）
分類	鳥類
大きさ	頭のてっぺんまで 2.5m
生息地	北アメリカ
食べ物	草食獣

恐竜が絶滅すると、祖先である獣脚類に先祖返りしたような「恐鳥類」という鳥が現れた。彼らは前足が貧弱で歯をもたないため、肉食獣が進化してくると太刀打ちできずに滅びている。ところが、ライバルの少ない南アメリカでは、恐鳥類はハンターとして生き残った。なかでもティタニスは新生代の第四紀まで生き残り、北アメリカにも進出したが、クマやネコの仲間にはかなわず絶滅したようだ。

先カンブリア時代｜古生代：カンブリア紀、オルドビス紀、シルル紀、デボン紀、石炭紀、ペルム紀｜中生代：三畳紀、ジュラ紀、白亜紀｜新生代：古第三紀、新第三紀、第四紀

生きた化石のステージ　第1幕
おお！　我ら、生きた化石！
～生きているのに、化石とよばれて～
アリゲーターガーさん
オカピさん
イチョウさん
オオサンショウウオさん
さあ歌おう　今日も命ある喜びを
我ら生きた化石
地球の歴史の生き証人ぞ
ある者は　環境の変化に耐えられず
絶滅した
またある者は　新たな姿へ進化し
生きのびた
そのどちらでもない　我ら生きた化石
ほとんど姿を変えずに　悠久の時を生きる
嗚呼　それでもたまに　思い出す
世界中に仲間がいた　あの時代を
もはや我らは　限られた場所にしかいないけど
嗚呼　それでもなお　くやまれる
あまたの親戚　なぜ消えた
今はわずかな種しか　残っておらぬ
いったい　いつまで生きるのか
その最期は　神のみぞ知る
おお！　我ら生きた化石
汝　ちょっとでいいから
興味をもってくれたまえよ

2

予想外に、絶滅

生き残るって大変だ
変わる環境、うごめくライバル
一寸先はめっちゃ闇
なにで滅ぶかわかりゃしない
チョットチョット勘弁してください

超音波が出せなくて絶滅

オニコニクテリスさん

きゃ！ いった〜いっ！ **あたしのばか〜っ！ 何度木に頭をぶつければいいの!?** やんなっちゃう！

およよ!? 後ろに見えるは、にっくき小娘イカロニクテリス！ こらっ！ その虫はあたしが先に追いかけてたんだから〜!!

はあ…。**あたしは世界初の飛べるコウモリの末裔なのよ!?** なのに、あの娘と

5本の指すべてに爪がある

の勝負には負けてばっかり（トホホ）。鳥がうじゃうじゃいる昼間をさけて夜に活動するっていうアイデアは、我ながらサイコーだと思ったんだけどナァ。

……んもうっ！ どうしてあんな超音波を出す娘が進化してきたわけ？ **超音波が周りのものに当たってはね返ってくる音を聞いて、暗闇でもぶつからずに飛べちゃうなんてズルいよ～。**

暗い夜は眼だけじゃ限界！ 超音波とか火炎とかあたしも出した～い！

こうすりゃよかった
おとなしくフルーツでも食べておけばよかったな
（テヘ！）

獲物は小さな昆虫

イカロニクテリスさん

知られる限り最も原始的なコウモリ。夜行性だが、超音波で周りの様子を探る能力はなかったようだ。ただし、同じ時代には、すでに超音波で狩りをするイカロニクテリスが現れていた。暗闇を飛びながら小さな昆虫を捕まえるのは、眼に頼った狩りでは難しい。そのため、超音波で昆虫を探して捕まえる進化したコウモリが増えてくると、彼らは絶滅してしまったのだろう。

絶滅年代	古第三紀（始新世前期）
分類	ほ乳類
大きさ	体長10cm
生息地	北アメリカ
食べ物	昆虫

先カンブリア時代	古生代						中生代			新生代		
	カンブリア紀	オルドビス紀	シルル紀	デボン紀	石炭紀	ペルム紀	三畳紀	ジュラ紀	白亜紀	古第三紀	新第三紀	第四紀

後ろ足が蛇足で絶滅

ナジャシュさん

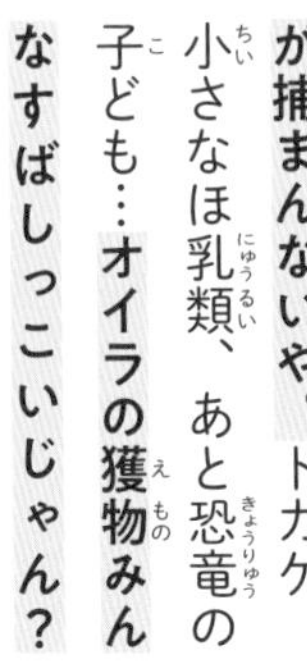

いっただきま～ッ!!……!? 前に！ 前に進めないよ!! かなしばり!?

なわけないじゃーん！ **後ろ足が木にひっかかったんだよ～！** も～何回目だよちゃんと確認しとけ～？

あ～ダメだぁ。全然獲物が捕まんないや。 トカゲ、小さなほ乳類、あと恐竜の子ども…**オイラの獲物みんなすばしっこいじゃん？**

だ-そく【蛇足】
あってもためにならない、よけいなもの。（蛇の絵を描く競争で、早く描き終えた人がなくてもよい足まで描きそえて負けになったという、昔の中国のお話より）

岩の隙間に隠れるじゃん？　オイラのアゴの骨は上下だけじゃなく左右にも広がる新機能搭載してるけど、獲物が捕まんなきゃ宝のもちぐされじゃん？

は〜毎日、長い胴体をくねらせて獲物を追い回す苦労を知ってほしいねキミも！　後ろ足も役に立たないしな！　**むしろヘビ的には後ろ足がないほうがスムーズに進める！**　もうほんとにヘビーな生活だよ！　な？　ヘビー！　わかるだろ？　おい！　笑え〜？

こうすりゃよかった

足も言葉も蛇足は禁物だぞ〜

絶滅年代	白亜紀後期
分類	爬虫類
大きさ	全長1.5m
生息地	アルゼンチン
食べ物	小動物

逃げるクロノピオさん

ジュラ紀にトカゲから進化したヘビは、「海を泳ぐ水中生活」または「落ち葉の下をはい回る半地中生活」に適応したことで足を退化させていった。しかし、ナジャシュは白亜紀後期のヘビなのに後ろ足がある。おそらく、小さな後ろ足は交尾などの役に立っていたのだろうが、結果的にヘビは足のないほうが移動するのに有利だったため、よけいな「蛇足」のあるものはすべて絶滅している。

先カンブリア時代	古生代						中生代			新生代		
	カンブリア紀	オルドビス紀	シルル紀	デボン紀	石炭紀	ペルム紀	三畳紀	ジュラ紀	白亜紀	古第三紀	新第三紀	第四紀

ダムがつくれず絶滅

輝けビーバー王選手権

さて「ちょっと絶滅ブレイク」のお時間です。本日は北アメリカで開催中の「ビーバー王選手権」の会場と中継をつないでいます。現場の絶子さん？

「はーい！私は今、アメリカビーバーがくらす川に来ています。見てください！ビーバーたちが歯で木を切り倒して、ダムをつくっています！こうして川の水をためてダム湖をつくることで、食べ物を集め

やすくしたり、肉食獣から身を守ったりしているんですね～」

へぇー、なるほど！　別会場の滅子さんはいかがでしょうか？

「はい、こちらジャイアントビーバーの会場です。ご覧のとおり、連日の日照りで川の水がカラカラに干上がっています！」

ダムは？　ないんですか？

「彼らはダムをつくる習性がないので、立ち尽くすしかありません」

はい、わかりましたー！

こうすりゃよかった
備えあれば憂いなし。ふだんから水だけはためておきましょう

ジャイアントビーバーさん

ぼ～～っ

絶滅年代	1万年前
分類	ほ乳類
大きさ	体長1.5m
生息地	北アメリカ
食べ物	草、樹皮、小枝

地球全体が寒くなった氷河時代の大型ビーバー。大きな体は体温を保つのに有利だが、氷河時代が終わり暖かくなると、体の重さが不利に働いた可能性がある。ビーバーは泳ぎが得意なぶん陸上を歩くのは苦手で、体の重いジャイアントビーバーはさらに苦手だったはずだ。しかも、彼らはダムをつくる習性もなかったようなので、気候の変化で川が干上がると、一気に滅んでしまったに違いない。

先カンブリア時代	古生代						中生代			新生代		
	カンブリア紀	オルドビス紀	シルル紀	デボン紀	石炭紀	ペルム紀	三畳紀	ジュラ紀	白亜紀	古第三紀	新第三紀	第四紀

ガンマ線バーストで絶滅

ベシャ

フデイシさん

化石が石に刻まれた文字のようだったため「筆石」と名づけられた

ぐぷぇあぁッ！　おお、おれはもうダメだ…。最後に…あ、ありのまま今起こったことを話すぜ！

おれがやられたのは、地震とか噴火とか、そんなチャチなもんじゃあ断じてねえ。ガンマ線バーストだ。

はじまりは地球の外！何光年も離れた宇宙で、ばかデカい恒星が死にやがったた。「超新星爆発」ってやつさ。このときにガンマ線っていうじつにヤベェ放射線が大量に放たれたッ！

どれくらいヤバいか、だと…？　いいか、よく聞け。ガンマ線がたった10秒間地球に当たっただけで、空をおおうオゾン層の半分がぶっ壊されちまうのさ…ッ！

お、おかげで大量の紫外線が宇宙から地上に降りそそぐことになった。その紫外線に体の細胞をズタズタに傷つけられて、浅い海でくらしていた生物はほとんど絶滅しちまったのさッ！

こうすりゃよかった

な…なにを言っているのかわからねーと思うが、マジであった話だ

絶滅年代	オルドビス紀末にほぼ絶滅 ※すべて絶滅したのは石炭紀前期
分類	フデイシ類
大きさ	群体の長さ数cm～数十cm
生息地	世界中の海
食べ物	プランクトン

サンゴのように、たくさんの個体がひとかたまりになって生きる「群体性」の動物。彼らは浅い海で大繁栄したが、オルドビス紀末にほぼ絶滅した。これは「ガンマ線バースト」が原因という説がある。銀河系内で起きた超新星爆発の影響で、地球のオゾン層が破壊され、浅い海でくらすフデイシは強い紫外線を浴びて絶滅したというわけだ。実際、深い海のフデイシはこのとき絶滅をまぬがれている。

先カンブリア時代	古生代						中生代			新生代		
	カンブリア紀	オルドビス紀	シルル紀	デボン紀	石炭紀	ペルム紀	三畳紀	ジュラ紀	白亜紀	古第三紀	新第三紀	第四紀

モルモットに負けて絶滅

No.1 肉食有袋類
ボルヒエナさん

アストラポテリウムさん

チーム
巨大モルモットさん

どきどき! 南アメリカ学園 ~前編のあらすじ~

時は、中新世中期。

4000万年前から続く雷獣家の令嬢アストラポテリウムは、超絶お嬢様学校の南アメリカ学園で、平和な日常を過ごしていた。

当時の南アメリカは、北アメリカとつながっていない島のような大陸。周りを海に囲まれていたため、よその大陸から入学者はやってこない!

そんな競争相手の少ないぬる~い環境で、アストラポテリウムはビッグサイズに! ときおり肉食系のボルヒエナに食べられそうになりつつも、好きなだけ植物を食べてくらしていた。

でもそんな幸せな日常は、突然終わりを告げる。

2000万年前にどこかから転入してきたモルモット家の子孫が、いつの間にか大型化し、ライバル宣言をしてきたのだ…!

のろすぎるアストラポテリウムは、じわじわ数を増やす巨大モルモットに成すすべもなく敗れてしまう…。

(後編に続く!)

こうすりゃよかった

ぬるい環境に油断せず
自分みがきを
続けるべきでしたわ

絶滅年代	新第三紀(中新世中期)
分類	ほ乳類
大きさ	体長2.7m
生息地	南アメリカ
食べ物	木の葉、水草

雷獣類は新生代のはじめに南アメリカで進化してきた大型草食獣のグループ。なかでも、中新世初期に現れたアストラポテリウムは最も大きく、長い牙で植物をほり起こして食べていたようだ。彼らは胴が長く、足は細めだったので、動きはのろかったはず。そのため、同じ草食のモルモットの仲間が大型化してくると、大型草食獣のポジション争いに負けて絶滅してしまったのだろう。

先カンブリア時代	古生代						中生代			新生代		
	カンブリア紀	オルドビス紀	シルル紀	デボン紀	石炭紀	ペルム紀	三畳紀	ジュラ紀	白亜紀	古第三紀	新第三紀	第四紀

大御所感を出しすぎて絶滅

どきどき！南アメリカ学園 ～後編のあらすじ～

（前編からの続き）アストラポテリウムと巨大モルモットが激しいバトルを繰り広げていたころ、ボルヒエナは相変わらず「我が世の春」を楽しんでいた。

自分よりも大きな獲物をしとめる強力なアゴ。肉を切り裂く大きな臼歯。反撃にも耐える丈夫な骨格――。

これらの強力な武器をもつボルヒエナは、南アメリカ学園最強の肉食獣として君臨していたのである…！

モルモット家の存在はボルヒエナも知っていたが、しょせんは小物。腹の足しにもならぬと考えていた。

ところが事態は一変！

巨大化したモルモットがアストラポテリウムたちを追いはらったため、捕まえやすい獲物が南アメリカ学園からいなくなったのだ！

あわてて巨大モルモットを追いかけるボルヒエナ。しかしなかなか捕まえることができず、おなかをすかせて絶滅したのだった…。

（完）

こうすりゃよかった
現状に満足せず もっとすばやくなるべきだったぜ

絶滅年代	新第三紀（中新世中期）
分類	ほ乳類
大きさ	体長1.5m
生息地	南アメリカ
食べ物	大型草食獣

南アメリカに生息していた大型の肉食有袋類。足はやや短いが、体つきはがっしりしており、とくにかむ力が強かった。そのため、自分より大きなアストラポテリウムなども狩ることができたようだ。ところが中新世中期になると、南アメリカ固有の大型草食獣は減少していく。そこで、巨大モルモットのような新たな獲物を襲おうとしたが、おそらくスピードについていけず絶滅したのだろう。

先カンブリア時代	古生代						中生代			新生代		
	カンブリア紀	オルドビス紀	シルル紀	デボン紀	石炭紀	ペルム紀	三畳紀	ジュラ紀	白亜紀	古第三紀	新第三紀	第四紀

失われたマングローブ

ビカリアさん

マングローブがなくなって絶滅

おまえ、もしや…マングローブか!? 生きとったんかワレぇ…！

懐かしいのう。あんたがいたころを思い出すわ。あんころはまだ、この辺もあったこうて、もっと内陸のほうまで海で満たされとった。ワシなんか波にさらわれんように、この殻のトゲトゲを泥に刺してしがみつくのに必死だったほどじゃ。がっはっは！

それがいまやこのありさまよ。見てみぃ。地球が寒うなってから、海の水もどんどん減っていきよった。おかげで泥は干上がり、こいら一帯の生きもんはほとんどあの世行きじゃ。地球さんも殺生なことするで。

まあでも、おまえが帰ってきたっちゅうことは、もう安心ってことや！……ってておまえ、なんか消えかけてへん？ ちょ…待ってこれ幻なんか？ ワシを置いて消えんとってくれ～！

こうすりゃよかった
自分の足で
歩けるように
ならなあかんかったんや

絶滅年代	新第三紀（中新世後期）
分類	腹足類
大きさ	殻の長さ10cm
生息地	アジア
食べ物	泥の中の有機物

マングローブとは、川の水と海の水がまじりあう湿地の森のこと。熱帯から亜熱帯に特有で、現在の日本では鹿児島県と沖縄県でしか見られない。ビカリアはそんなマングローブの根元でくらしていた巻き貝だが、北海道や福島県などわりと寒い地域で化石が見つかっている。これは当時の日本が暖かかったためで、中新世後期に寒い気候に変わると、マングローブがなくなり絶滅したようだ。

先カンブリア時代	古生代						中生代			新生代		
	カンブリア紀	オルドビス紀	シルル紀	デボン紀	石炭紀	ペルム紀	三畳紀	ジュラ紀	白亜紀	古第三紀	新第三紀	第四紀

植物が枯れ果てて絶滅

砂の道程

出井・プロト・光太郎

僕の前に道はない
僕の後ろにも道はない
だってここは砂漠だからね
足跡も植物も、すべて砂に
のみこまれて消えていく
この大きな鼻で
いくらにおいをかいでも
木や泉の香りはしてこない
漂うのは、死の気配だけ
ああ、自然よ
地球よ

えげつない砂漠化で
僕を干からびた大地に
ひとりとり残した地球よ
なんでこんなに
カサカサなの？
僕から目を離さないで
守ることをせよ
つねにおいしい葉っぱで
僕の胃袋を満たせよ
いやもう、このさい
木の枝とかでもいいから
本当お願いします
この果てしない道程のため
この果てしない道程のため
ていうか、ここどこ？

ディプロトドンさん

こうすりゃよかった

海に行くか、
地中にもぐるか、
雨雲を探して歩くか…

絶滅年代	第四紀（更新世末）
分類	ほ乳類
大きさ	肩までの高さ2m
生息地	オーストラリア
食べ物	木の葉

シロサイぐらいの大きさがあった史上最大の有袋類。ウォンバットやコアラに近いグループで、鼻が大きくにおいに敏感だったと考えられる。巨大な上下の前歯には厚みがあり、木の枝や葉のほか、樹皮をはがして食べてもいただろう。ところが、数万年前からオーストラリアの砂漠化が進み、食べられる植物が減っていった。すると、栄養不足で大きな体を維持できなくなり、絶滅したようだ。

先カンブリア時代	古生代						中生代			新生代		
	カンブリア紀	オルドビス紀	シルル紀	デボン紀	石炭紀	ペルム紀	三畳紀	ジュラ紀	白亜紀	古第三紀	新第三紀	第四紀

ウシにとって代わられて絶滅
小型のハイラックスは今も生き残っている
メガロハイラックスさん
ウシの仲間の祖先
エオトラグスさん

メ　おいおいウシく～ん！草なんて食べて大丈夫なのかねキミぃ！

ウ　ふつうに食べられますよ。てかメガロ先輩食べないんすか？おいしいのに。

メ　わ、私はやわらかい木の葉や水草が好きなんでね。

ウ　**先輩、歯弱いっすもんね（笑）**。お疲れっす。

メ　おいおい言い方に気をつけろよウシく～ん！第一ね、かったい草なんて食べても消化できないから栄養にならないだろう！

ウ　え、なりますよ？……**え、先輩もしかして「反すう」できないんすか？**

メ　な、なんだねそれは？

ウ　**のみこんだ草を胃の中で発酵させて、口にもどしてもう一度かんでから消化するスキルっす。**草食獣なら必須っすよ？

メ　そ、そんなもの私の時代には必要なかったんだ！

ウ　今は森が減って草原がアツイっすよ先輩～（笑）。

こうすりゃよかった

わ、私も「反すう」覚えときゃよかった…

絶滅年代	新第三紀（中新世前期）
分類	ほ乳類
大きさ	体長2m
生息地	アフリカ、アラビア半島
食べ物	木の葉、水草

古第三紀のアフリカには、さまざまな種類のハイラックスがいた。なかでも巨大だったのが、メガロハイラックスだ。彼らの歯には厚みがなく、やわらかい植物を大量に食べて大型化したらしい。ところが新第三紀になると、硬い草を効率よく食べるウシの仲間が登場。草原の拡大とともに勢力を広げたことで、大型のハイラックスの居場所はなくなってしまったのだろう。

先カンブリア時代	古生代						中生代			新生代		
	カンブリア紀	オルドビス紀	シルル紀	デボン紀	石炭紀	ペルム紀	三畳紀	ジュラ紀	白亜紀	古第三紀	新第三紀	第四紀

やわらかい部分をねらうアノマロカリスさん
貝殻（ここが硬いので安心している）
ハルキエリアさん
貝殻が小さすぎて絶滅

絶滅3分クッキング♪

~おいしく食べられないために~

本日の先生はハルキエリア先生です。さっそくですが先生、今日はどんなものを?

ハ 今までの生物は、やわらかいものばかりでしたよね。**それで私、体に貝殻をあしらってみました。**

と、言いますと?

ハ はい。ハンターが獲物を食べるときは、体の端っこを口でくわえてから丸のみするんですね。**だから、最初にかまれる部分、つまり体の端っこを硬い貝殻で守ることで、食べられないようにしたわけです。**

なるほど。発明ですね。

ハ はい。外側は硬く、中はやわらか。この絶妙なバランスが、敵の食欲をぐーんと減らすわけです。

ゲストのアノマロカリスさん。いかがでしょう?

ア **端じゃなく、真ん中から食べればいいのでは?**

あっ、そのとおりですね。

ハ えっ、ああ…そのとおりですね…。

こうすりゃよかった

体を全部隠せる貝殻がほしかったです

絶滅年代	カンブリア紀中期
分類	未確定
大きさ	全長8cm
生息地	北ヨーロッパ
食べ物	泥の中の有機物

全身が小さなウロコでおおわれ、体の前後に小さな2枚の貝殻があった。当時のハンターは眼があまりよくなかったため、体の端だけを守る戦略が有効だったのだろう。しかし、視覚の優れたハンターが進化してくるとやわらかい部分をねらわれるようになり、滅んだのかもしれない。分類は未確定だが、軟体動物(貝)、あるいは環形動物(ゴカイ)、腕足動物(シャミセンガイ)に近いという説がある。

先カンブリア時代	古生代						中生代			新生代		
	カンブリア紀	オルドビス紀	シルル紀	デボン紀	石炭紀	ペルム紀	三畳紀	ジュラ紀	白亜紀	古第三紀	新第三紀	第四紀

チョッカクガイさん
岩にぶつけただけでアウト
これが眼柄
アサフス・コワレフスキーさん
壊れやすくて絶滅

アサフス・コワレフスキー

紀元前4億7000万年ごろ〜紀元前4億5800万年ごろ

ヨーロッパ地方の三葉虫。1万種以上いる三葉虫界で、「アサフス」のグループメンバーとして活動。**両眼が上に飛び出た個性的な容姿で、没後に高い人気を得た。**

◉生涯

一生を海底で過ごした。基本的には泥の中から出ず、泥にふくまれる栄養をこしとって食べていた。

◉三葉虫としての業績

両眼をカタツムリのように長くのばすことで、泥の中にいながら周りの様子を確認できる特技を獲得。それまで保守的だった三葉虫界に革命を起こした。

◉晩年

のびた眼には柔軟性がなく、ボキボキ折れて視力を失う。

なお、「**コワレフスキー**」はロシアの**生物学者の名**にちなんだもので「**壊れやすい**」こととは**関係**ない。

こうすりゃよかった
何事にも「柔軟性」は大事である

絶滅年代	オルドビス紀中期
分類	三葉虫類
大きさ	全長10cm
生息地	ヨーロッパ
食べ物	泥の中の有機物

体の表面を硬くすることで成功した三葉虫のなかでも、変わった姿で人気なのがアサフス・コワレフスキーだ。とても長い「眼柄」の先に眼があったので、泥にもぐりながらでも周囲を見ることができただろう。ただし、体の表面が硬いので、眼柄を曲げたり縮めたりすることはできず、折れやすかったに違いない。そのせいか、この長い眼柄は子孫に受けつがれることなく、彼らは絶滅している。

先カンブリア時代	古生代						中生代			新生代		
	カンブリア紀	オルドビス紀	シルル紀	デボン紀	石炭紀	ペルム紀	三畳紀	ジュラ紀	白亜紀	古第三紀	新第三紀	第四紀

ミミズ不足で絶滅

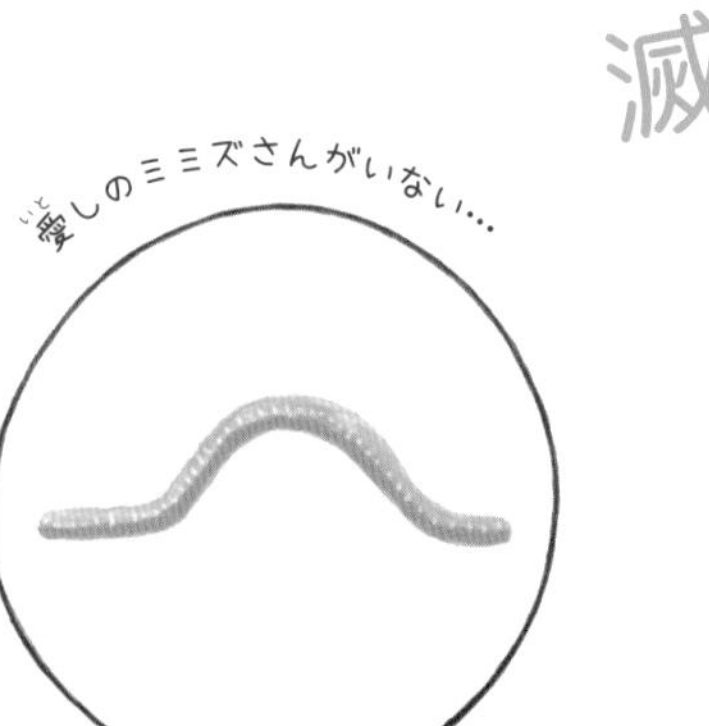

においで探す

ジャイアントミユビハリモグラさん

ねえ、幸せな一生にはなにが必要だと思う？努力？それとも才能？

おれに言わせれば、なにより大切なのは環境さ。**恵まれた環境さえあれば、力のないやつでも生きていける。**それはもう「運」だね。

おれは湿った土にいるミミズを食うんだけど、オーストラリアが乾燥して、周りが砂漠だらけになっちまった。ミミズなんて、どこをほってもいやしない。

環境に合わせる努力はしたさ。体をデカくしたりな。ほら、コップのお湯はすぐ冷めるけど、お風呂のお湯は冷めにくいだろ？それと同じで、体が大きいほど熱が逃げにくいから、食べ物も少なくてすむのさ。

でも、それもムダだったね。**足を長くして、遠くまで歩けるようにもなったけど、それ以上の速さで砂漠が広がってくんだもの。**ほんとまいっちゃうよね。

こうすりゃよかった

もっといろんなものを食べられたら道が開けたかもね

絶滅年代	第四紀（更新世末）
分類	ほ乳類
大きさ	体長90cm
生息地	オーストラリア
食べ物	ミミズ、コガネムシの幼虫

大型犬サイズのハリモグラ。今もニューギニアに生息するミユビハリモグラの親戚にあたる。森で土をほじくり、長い口でミミズを食べていたらしい。ところが氷河時代の終わりに、生息地のオーストラリアでは砂漠化が進み、森が減っていった。彼らは大型化して食いだめできる体になり、長い足で森から森へ移動していたようだが、ミミズの生息する環境が失われたことで絶滅したようだ。

先カンブリア時代	古生代						中生代			新生代		
	カンブリア紀	オルドビス紀	シルル紀	デボン紀	石炭紀	ペルム紀	三畳紀	ジュラ紀	白亜紀	古第三紀	新第三紀	第四紀

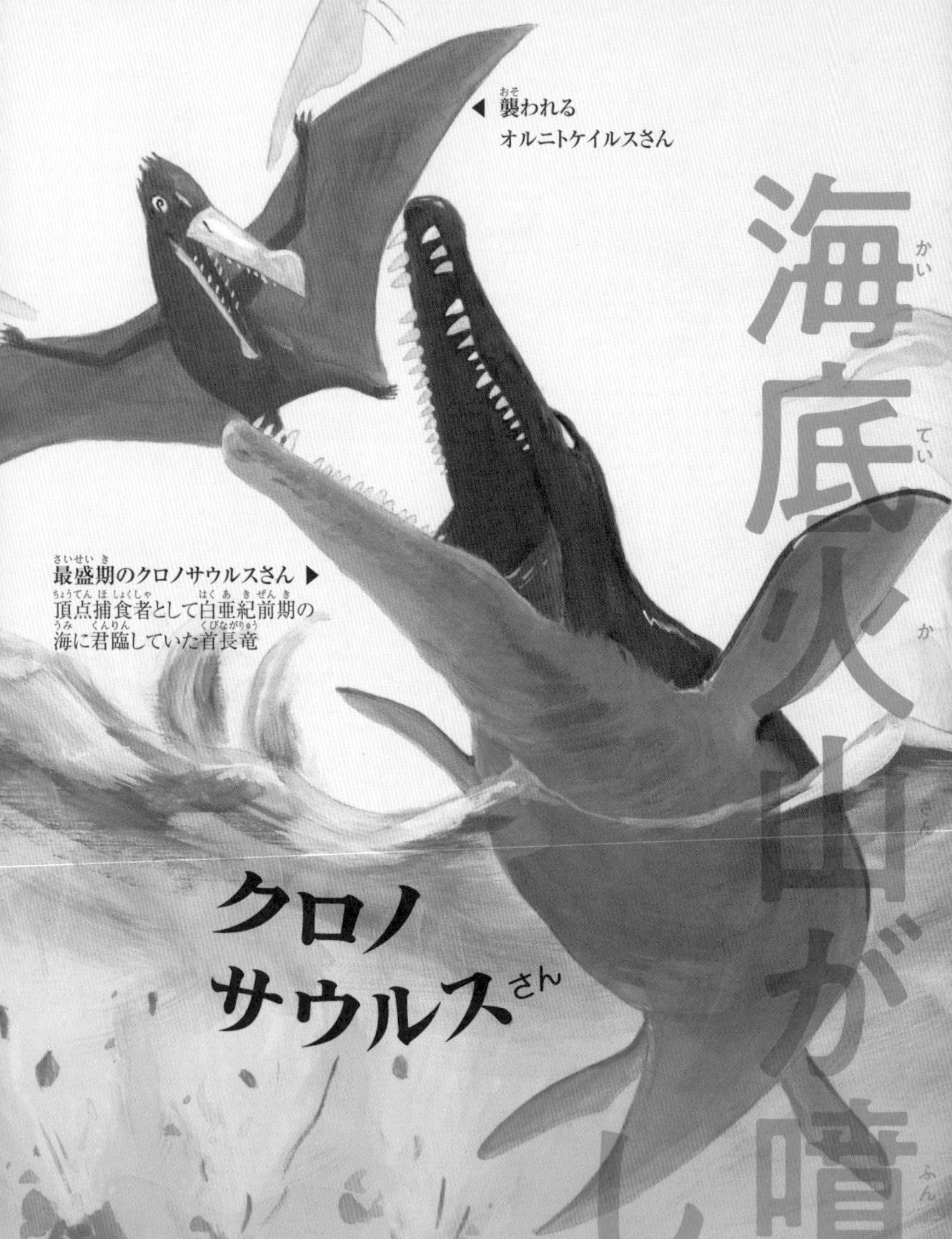

海底火山が噴火して絶滅

クロノサウルスさん

では授業をはじめまーす。今日はこれ、「海洋無酸素事変」。ややこしいけど順番に説明するので覚えて帰ってくださいねー。

1 1億2000万年前に海底で火山が大噴火。その後100万年かけて日本の面積の約14倍もの範囲にマグマをたれ流す。

2 噴火時に二酸化炭素が大量に出て地球が温暖化。

3 気温が上がって、北極や南極の海がぬるくなる。

4 ぬるい水は軽いので、海面の酸素をふくんだ水が深い海に沈みこまなくなる。

5 海全体に酸素が行きわたらなくなる。これが「海洋無酸素事変」！

6 酸素不足で魚やプランクトンが死ぬ。

7 肺で呼吸していたクロノサウルスも、獲物が少なくなって絶滅。

はい、これが「風が吹けば桶屋がもうかる」と並ぶ「火山が噴火するとクロノサウルスが滅ぶ」理論です。テスト？ 出ませーん。

こうすりゃよかった
一寸先は闇。
そう思って
生きてくださーい

絶滅年代	白亜紀前期
分類	爬虫類
大きさ	全長11m
生息地	オーストラリア、南アメリカ
食べ物	魚、ウミガメ、首長竜

首長竜の多くは「首が長く頭は小さい」が、じつは「首が短く頭は大きい」グループもいた。それが、大きな口で大型の獲物をねらうプリオサウルス類だ。なかでもクロノサウルスは最大級の大きさで、全長の3分の1近くが頭だった。クロノサウルスは白亜紀前期の海で無敵の存在だったが、海底火山の大噴火が続いたことで大型の獲物が少なくなり、ついには絶滅してしまったようだ。

先カンブリア時代	古生代						中生代			新生代		
	カンブリア紀	オルドビス紀	シルル紀	デボン紀	石炭紀	ペルム紀	三畳紀	ジュラ紀	白亜紀	古第三紀	新第三紀	第四紀

メリテリウムさん

もはや陸は歩けない

ムシャ…

アジアゾウさん

同じゾウってマジですか…

短くて鼻が絶滅

レッツ、エンジョーイ！「短歌の時間」

さあ、本日も楽しく短歌を詠んでまいりましょう。**今回のお題は「鼻」。**鼻の長い動物といえば…そう、ゾウですね。

ゾウの鼻が長くなったのは、立ったまま水を飲むためだと知っていましたか？水を飲むときにしゃがんだら、その隙に肉食獣に襲われちゃいますでしょう。ところでこう見えて私もゾウの仲間なのですが、鼻は短いままですよね。それは浅い水辺で水草を食べていたからなんです。**水の中にいれば、鼻をのばす必要もありませんから。**

えー、ではここで一首。

いつまでも
あると思うな
水と草
大陸移動で
水なくなった

大陸が移動して海がふさがれ、急激に乾燥が進むなんて、予想外でした。

こうすりゃよかった
現実のはかなさを知って
鼻をのばして
おくべきでした

絶滅年代	古第三紀（漸新世前期）
分類	ほ乳類
大きさ	肩までの高さ60cm
生息地	北アフリカ
食べ物	水草

水辺でくらしていた初期のゾウのなかでも、メリテリウムの姿は変わっている。足が短く、胴が異様に長いのだ。おそらくほとんどの時間を水につかって過ごし、あまり歩き回らなかったのだろう。そのため、乾燥した気候になり水辺の環境が縮小しても、陸に上がることは難しかったはず。この時代、鼻をのばして大型化していくゾウの主流派が、水辺を離れて成功したのとは対照的だ。

先カンブリア時代	古生代						中生代			新生代		
	カンブリア紀	オルドビス紀	シルル紀	デボン紀	石炭紀	ペルム紀	三畳紀	ジュラ紀	白亜紀	古第三紀	新第三紀	第四紀

生きた化石のステージ　第2幕
オンリーロンリー
OH! サンショウウオ
OH! OH! OH!
オオサンショウウオ!
1億6000万年前に現れた
大型両生類の子孫
冷たい川の底を　大きな体で進むのさ
西日本にだけすんでいる　覚えてくれよな
OH! OH! OH!　オーマイゴッド!
恐竜がバリバリいた時代に　ご先祖様は生まれた
両生類は時代遅れだって?　おかまいなしだ!
この4つの足で　オンリーワンの道を進むのさ
OH! OH! OH!　オーマイガール!
おれの活動はアジアだけじゃ　おさまらねえ
大陸またぎ訪れた　北米　南米　ヨーロッパ
世界中に広がった　思い出よみがえる
それが今じゃOH! ロンリー
落ちぶれたもんさ
大きな魚のいない川上だけで
大きな理由もなく生き残った
お前に届いているか
おとなしくひっそりとくらす
おれの心の　雄たけびが!
オオサンショウウオさん
分類　両生類
大きさ　全長1.5m
生息地　日本南西部
食べ物　魚、甲殻類
生きた化石度　★★☆

3 理不尽に、絶滅

生きていくって複雑だ
人間として生きてると
生き物たちを理不尽に
絶滅させてることもある
アァ、でも知らなきゃはじまらない

人間が、絶滅させちゃうこともある

この章で紹介するのは、人間の行動の結果、絶滅してしまった生き物たちです。

そんな話を聞くと、人間に対してがっかりしたり、悲しくなったりする人がいるかもしれません。

でも、ちょっと考えてみてください。

そもそも人間は、どうしてそんなことをするのでしょう？

その理由は大きく二つに分けることができます。

1 知らなかったから

2 わかっちゃいるけどやめられなかったから

じつは、人間がわざと生き物を絶滅させることは、ほぼありません。たいていの場合、絶滅は「知らなかった」せいで起こるのです。

- 森を切り開いて畑にしたら、すみかを失った生き物が消えていた
- 捕まえて食べていたら、いつの間にか数が少なくなっていた
- うっかり持ちこんだ外来生物が、島の生き物を食べ尽くしてしまった

こんなふうに、自分たちの行動がどんな結果を引き起こすかわからずに、絶滅させてしまうことがあります。

おそろしいことですが、これは「知る」ことで防げる絶滅です。

もちろん、すべての絶滅が「知らなかった」せいではありません。

- その川にしかいない生き物がいるのに、発電用のダムをつくる
- レアな生き物だけど、そのぶん高く売れるから密猟する
- 家畜を守るために、いなくなってほしくて駆除する

このように、たとえ絶滅させるおそれがあっても、生活を豊かにするために、人間の都合を優先させてしまうこともあります。

これは、なくすのが難しい絶滅です。だけど、もっといいやり方を見つけていけば、かならず減らすことができます。

ブタに卵を盗まれて絶滅

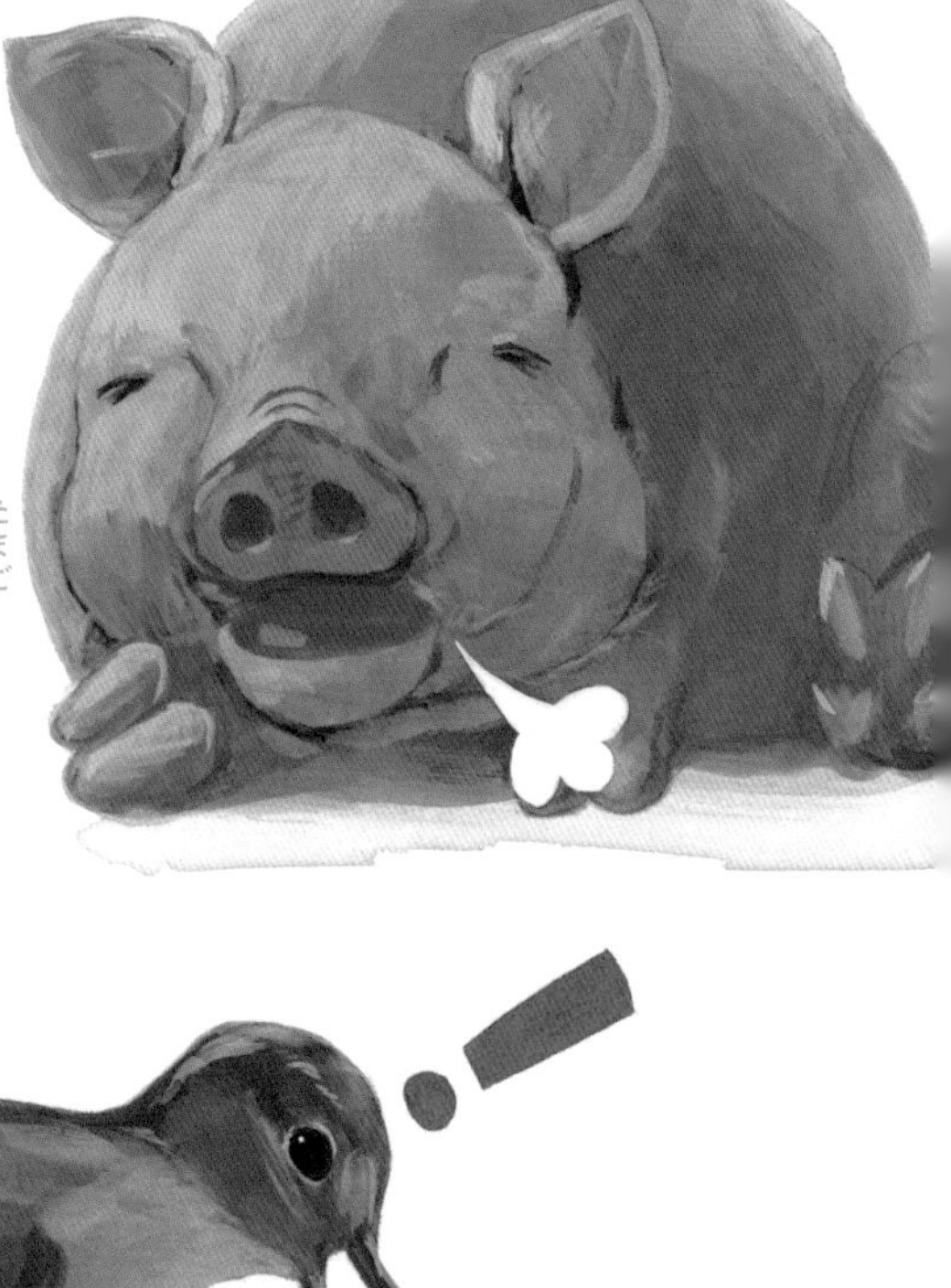

なんでも食べちゃうブタさん

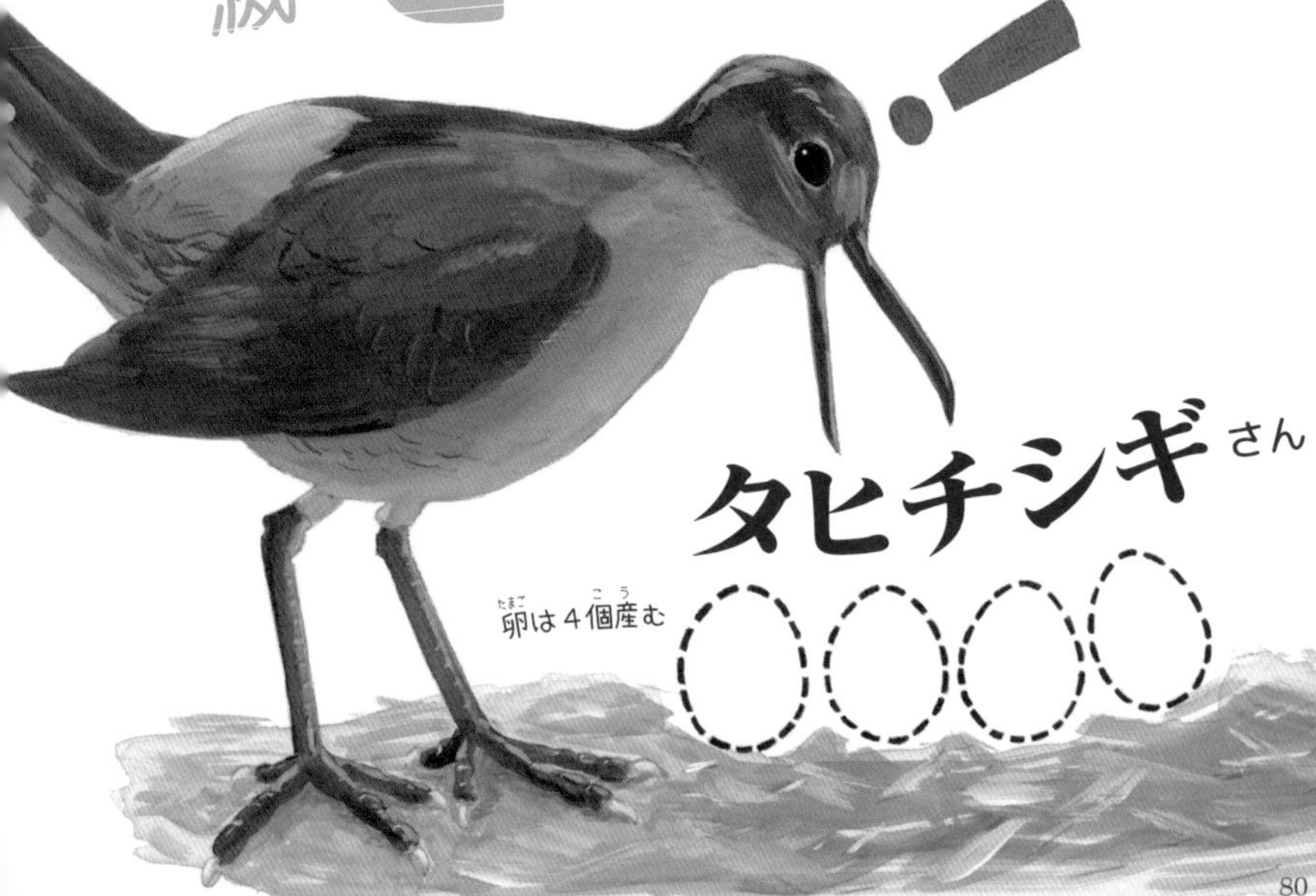

タヒチシギさん
卵は4個産む

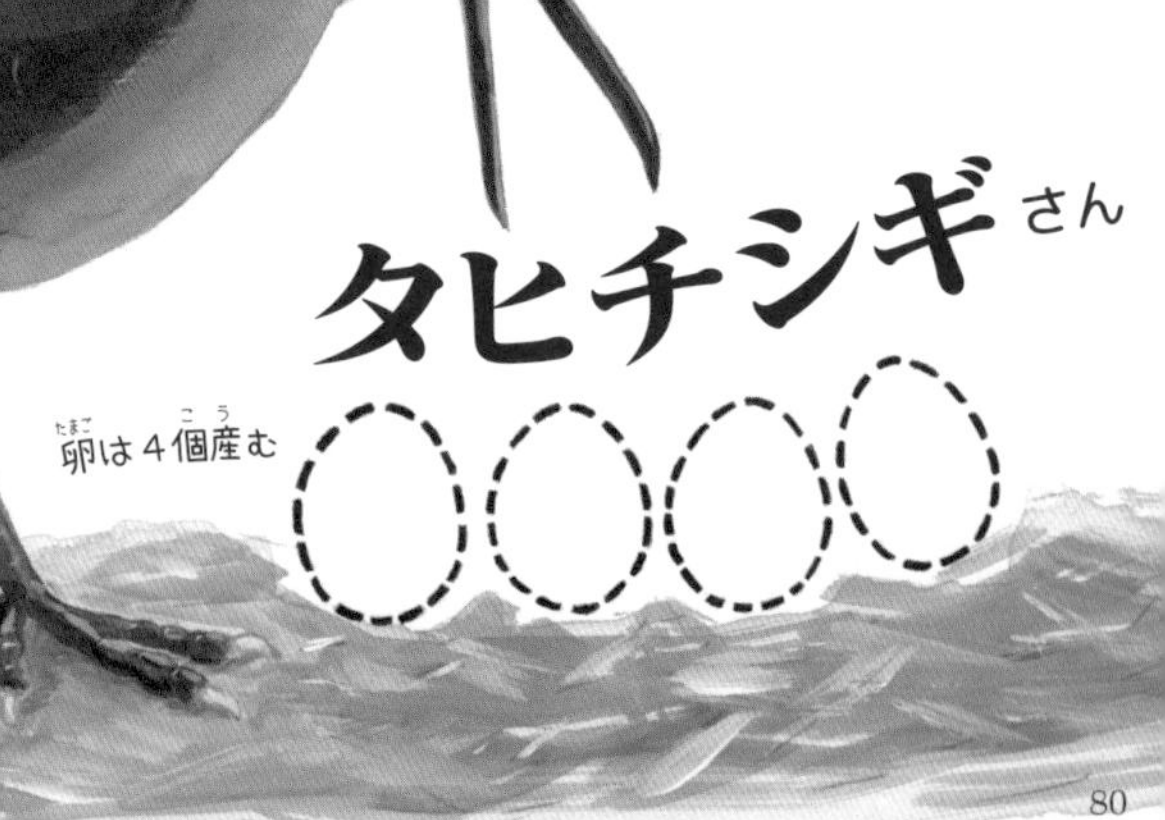

え、ないんだけど。卵全部ない。なんで？嘘でしょ？巣立った？まだ産んで2日なんだけど。おかしくない？

ちょっとブタ。卵食べたのあんたでしょ？マジでいい加減にして。あんたがこの島にやってきてから、私はさんざんなんだよ。

それまではのんびりカニとか食べてくらしてたのに。私らを食べる敵もいないし、地面に卵を産んだってだれもとらなかった。

ていうか、キャプテン・クックだっけ？あの人間が「次に来たときに食べよう♪」とか言って島にブタを置いてったのがそもそもの原因だよ。ブタは自分の国で食べればいいじゃん！

あとブタさ、今はのんきに増えまくってるけど、**次はあんたらが人間の食料にされる番だかんね？** **持ってきたら持ち帰る、これ基本のルールね。**

こうすりゃよかった
人間さえ来なければ平和だったのよ！

絶滅年代	1777年
分類	鳥類
大きさ	全長15cm
生息地	タヒチ島
食べ物	甲殻類、ゴカイ

南太平洋のタヒチ島に生息していたシギ。大陸から遠く離れたタヒチ島には、彼らを食べる陸上ほ乳類や猛禽類が入ってこなかったため、襲われる心配がなかった。ところが、1768年にこの島がイギリス人に「発見」されると、ブタが放される。ブタはタヒチシギを襲わなかったが、地上の巣にある卵を食べつくした。そのため、島の発見から10年もたたずにタヒチシギは絶滅してしまったようだ。

先カンブリア時代	古生代						中生代			新生代		
	カンブリア紀	オルドビス紀	シルル紀	デボン紀	石炭紀	ペルム紀	三畳紀	ジュラ紀	白亜紀	古第三紀	新第三紀	第四紀

故郷に帰れず

絶滅

ハシナガチョウザメさん

うい～っと！　おじさんは今からおうちに帰りやすからね！　やっぱり生まれ故郷がいちばんってな！　わははあ痛ぁッ!?

……なんらこれ。壁？　お～い、この壁はなんれすか～！　通れませんよ～！

……！　さては人間のやろう、ま～たダムつくりやがったなこんちくしょう！

どうすんだこれ。おれら

そびえ立つダムの壁

揚子江（中国でいちばん大きな川）

はよう、みんな生まれは川上なんだよ。そのあと川を下って大きくなってから、また川上に戻って卵を産むのがお決まりの一生なのによう！**これじゃあ故郷に帰れねぇじゃねぇか！**

かーっ！もう中止だ、中止！きたねぇ水を川に流してすみにくくするわ、魚をとりまくっておれらの食いもんを横取りするわ、**よけいなことばっかりしやがるな人間のやろうは！**チョウザメなんかやってられんわ、本当によぉ～！

こうすりゃよかった

ちったぁほかの生き物のこと考えろよバカヤロー！

絶滅年代	2005~2010年
分類	硬骨魚類
大きさ	全長7m
生息地	中国
食べ物	甲殻類、魚

中国の揚子江だけに生息していた世界最大級の淡水魚。長い鼻先に並んだ「感覚器」で、獲物の発する弱い電気を感じとって捕らえる。彼らは川の上流で生まれ、成長するにつれ川幅の広い下流に移動していたらしい。ところが1970年以降、揚子江には水力発電ダムがいくつも建設される。そのせいで産卵場所の上流に戻れなくなり、みな卵を産めずに年老いて死んでしまったようだ。

※生息年代はハシナガチョウザメをふくむヘラチョウザメ科全体のもの

先カンブリア時代	古生代						中生代			新生代		
	カンブリア紀	オルドビス紀	シルル紀	デボン紀	石炭紀	ペルム紀	三畳紀	ジュラ紀	白亜紀	古第三紀	新第三紀	第四紀

フォークランド諸島は南極に近くて
めちゃくちゃ寒い
フォークランド
オオカミさん
ヒツジさん
むやみにおそれられて
絶滅

狼 あ、ヒツジさん！ こんにちは〜！

羊 ぎ…ぎゃあぁッ！ オオカミが出たあああ！

狼 え…そんな驚く？

羊 早く逃げないと！ 食べられるううう！

狼 いや食べないよ！ 僕が食べるのは、せいぜいペンギンサイズの海鳥さ！ ていうか、がっつり沼にはまってるけど大丈夫!?

羊 嘘こけ！ 前に人間さんが言ってたぞ！「オオカミはヒツジを食うから殺さにゃなんねぇ」って！

狼 もしかして…北半球のハイイロオオカミと勘違いしてる？ 全然違うから！ 僕は南アメリカのヤブイヌとかの親戚で…

羊 びぶび◎%▲$☆#…!!

狼 ちょっとなに言ってるかわからんのだが!?

羊 ぷあっ…！ だれか助けて！ オオカミに殺される！ 人間さあああん！

狼 とりあえず沼から出ろ。

こうすりゃよかった
他人の空似でこわがられたらかなわないですよ

絶滅年代	1876年
分類	ほ乳類
大きさ	体長1m
生息地	フォークランド諸島
食べ物	ペンギン、クジラの死体、昆虫

南アメリカの南端に位置する、フォークランド諸島にいた唯一の陸上ほ乳類。18世紀に人間が移住してくるまで、島で無敵の存在だった。そのため警戒心が薄く、人間の食料を堂々と食べようとして棒でなぐられ、毛皮にされたという。さらに、放牧をはじめた移民たちにはヒツジを襲うと誤解され、なぐられるだけでなく、毒のエサも使って駆除されたことから、ついには絶滅してしまった。

先カンブリア時代	古生代						中生代			新生代		
	カンブリア紀	オルドビス紀	シルル紀	デボン紀	石炭紀	ペルム紀	三畳紀	ジュラ紀	白亜紀	古第三紀	新第三紀	第四紀

ヘビがやってきて絶滅

グアム島にしかいない鳥は
マリアナヒラハシだけだった

マリアナヒラハシさん

ミナミオオガシラさん

そ、そんなに見つめないでくださいよ！ ボクはヒラハシ。平たいくちばしをしてるから、そうよばれています。

……え、違う？ ヘビ？ ああ～！ ミナミオオガシラ！ 頭が大きそうな名前の！ それがなにか？

ここだけの話ね、あのヘビには気をつけたほうがいいですよ。人間の貨物にまぎれて島に入ってきたんですけど、**ボクたちみたいな小鳥を木の上で待ちぶせして食べてしまうんです！**

……え？ 早く気づいて？ いや～それがあのヘビ、**木の枝そっくりの模様だから気づきにくいんですよ！**天敵がいないからどんどん増えて困ったもんです！

え？ ……危ない？ そうなんですよ！ おかげでこの島にいた12種類の鳥のうち、10種類がいなくなってしまったんです！ **あなたも気をつけてくださいね！**

こうすりゃよかった
もっと周りを警戒するべきでした

絶滅年代	1983年
分類	鳥類
大きさ	全長13cm
生息地	グアム島
食べ物	昆虫

マリアナ諸島のグアム島だけに生息していた※固有種。グアム島には元々ヘビはいなかったが、1950年ごろ船の荷物にまぎれてミナミオオガシラが入ってきた。このヘビは茶色い体で樹皮にとけこみ、飛んでくる鳥を待ちぶせして襲う。島の鳥たちはこのようなハンターへの警戒心がなく、次々に姿を消した。なかでも固有種だったマリアナヒラハシは、地球上からも消えてしまったのだ。

※特定の地域にのみ生息する生物の種のこと

カジノができて絶滅

ここは欲望がうずまく街・ラスベガス。……おっと、自己紹介が遅れちまったな。おれはこのシマ一帯を仕切ってたベガスヒョウガエルって者だ。

見てくれ。**これはおれが現役だったころの写真だ。**今とは大違いだろ？ 昔、ここは砂漠の中の小さなオアシスで、おれの仲間がたくさんくらしていた。

ところがだ。**人間のやつら、このシマになにもねぇのをいいことに、「カジノをつくる」なんて計画をおっ立てやがった。**

街をつくるために、おれたちがくらす池から大量の水を引き、そのおかげで泉はかれて、きたねぇ水が小川にたれ流された。

キラキラしたカジノホテルができたころには、仲間はもう1匹も残っちゃいなかった。おれらはシマを奪われ、欲望の海にのまれたってえわけさ。

今のラスベガス

ベガスヒョウガエルさん

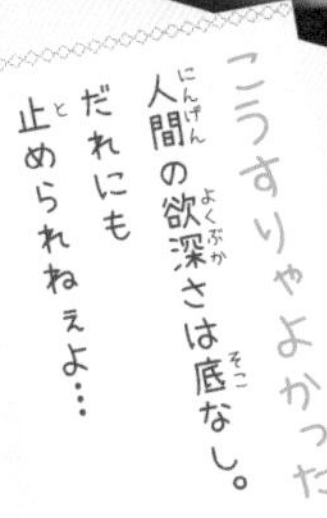

絶滅年代	1942年
分類	両生類
大きさ	体長6cm
生息地	アメリカ西部
食べ物	昆虫

アメリカのネバダ州にあるラスベガス周辺の水辺に生息していたカエル。ここには数少ない砂漠のオアシスがあったため、道路や鉄道の整備とともに人口が増加した。そのせいで、ベガスヒョウガエルがくらしていた水辺の環境はあらされていったのだ。さらに、住民によって放されたウシガエルやニジマスに食べられたことも影響し、1942年の捕獲を最後に彼らは姿を消している。

先カンブリア時代	古生代						中生代			新生代		
	カンブリア紀	オルドビス紀	シルル紀	デボン紀	石炭紀	ペルム紀	三畳紀	ジュラ紀	白亜紀	古第三紀	新第三紀	第四紀

好物はリンゴやブドウ、イチジクなど
熟す前がとくに好き♡
カロライナインコさん
フルーツが好きすぎて絶滅

こんにちは！ アイドルグループ「カロライナ★インコ」です！ **えー突然ですが…わたしたちは、いろいろあって解散することになりました！**

わたしたちが南米から北米に移ってきたのが550万年前。はじめは「こんな寒い場所に果物あるのかなあ…」って不安でした。でも北米中を飛び回って果物を食べて、ここまで大きなグループになれました。みんな本当にありがとう！

ただ…北米に移民がやってきてから、森が減っていきました。それで活動場所をフルーツ園に変えてがんばってきましたが、怒った人間に鉄砲で撃たれてどんどんメンバーが減っていき…**残念ですが、これ以上は活動できないという結論にいたりました。**

いつの日か、みんなで仲良く果物を食べられる日がきますように！

こうすりゃよかった
果物が食べたい気持ちに嘘はつけません！

絶滅年代	1918年
分類	鳥類
大きさ	全長35cm
生息地	北アメリカ
食べ物	果実

インコの仲間は、果実の多い暖かい地域にすむ。しかしカロライナインコは、氷河時代に南アメリカから北アメリカに移住した、最も北に生息するインコだった。北アメリカは涼しいので果実は少ないが、ほかにインコがいないので充分に食べられたのだろう。ところが、移民が増えると、果実をつける森を次々に伐採。さらに果樹園の害鳥として彼らを駆除したことから絶滅してしまった。

ビーチで寝たら絶滅

平和な一夫一妻制
オスよりメスのほうが大きい
ビーチでゴロゴロ→そのまま眠る

カリブモンクアザラシさん

あ〜しみるわぁ…。ビーチで寝っ転がるのって最高だね〜。**この砂の温もりが、海で冷えた体に効くよね〜。**だね〜。うちら毛が薄くて冷え性だからね〜。

でも、大変らしいよ？ 寒いとこのアザラシたちは。

それな〜。

眠るときも海にういたままだしさ。それにメスを奪い合って、オス同士のケンカもすごいらしい。

うちらそういうのないからね〜。みんな仲いいし。

やっぱ寒いとダメだ〜。

あ、でもさ、最近ここらに人間が来るらしいよ？

なにそれ。なにすんの。

硬い棒でなぐってくる。

ええっ…。人間、やばいね。

やばいよ〜。**ランプをともすのに、うちらの体からとった油を使ってるらしい。**

えーやば…海に逃げる？

うーん…それは明日考えよっか…。

絶滅年代	1952年
分類	ほ乳類
大きさ	全長2.2m
生息地	カリブ海沿岸
食べ物	魚、イカ

アザラシは食べ物の豊富な冷たい海に多いが、カリブモンクアザラシは温かい海でくらしていた。体の脂肪が少なく、毛の密度も低かったが、ビーチで寝ていればすぐに体は温まる。しかも、カリブ海の島々には彼らを襲う大型のハンターはいなかった。ところがそこに、人間がやってくる。すると、なんの警戒もせず寝転んでいた彼らはわずかな脂肪を目的に狩られ、絶滅してしまったのだ。

先カンブリア時代	古生代						中生代			新生代		
	カンブリア紀	オルドビス紀	シルル紀	デボン紀	石炭紀	ペルム紀	三畳紀	ジュラ紀	白亜紀	古第三紀	新第三紀	第四紀

こだわりが強すぎて絶滅

ゴクラクインコさん

夫 ……どう思う？

妻 うん、かなりいい線いってる。中のスペースが広いのがいいよね。90点！

夫 だよね。こんな大きなシロアリの巣はレアだよ。

妻 これだったら一度に卵を5個産んでも平気そうね。**やっぱり産卵はシロアリの巣に限るわ。**巣の中に居候してるガの幼虫は、ヒナの大好物だし。

夫 まったく。ほかの巣じゃあ、とてもヒナを置いていく気になれないよ！

妻 そういえば草は？ 近くに生えてるのかしら？

夫 もちろん確認ずみさ！

妻 **私たちは草の種しか食べないと決めてるんだから。**

夫 最近は、人間が放牧をするせいで草が減ってるからね。僕たちが美しいからって、捕まえてペットにするヤツもいるそうだ。

妻 まあ、無理よ。**人間なんかに私たちのこだわりは理解できっこないもの！**

3 理不尽に、絶滅

絶滅年代	1927年
分類	鳥類
大きさ	全長30cm
生息地	オーストラリア東部
食べ物	草の種子

1844年に発見されたが、あまりに美しいことからペットとして乱獲され、1880年代にはイギリスの金持ちのあいだで大人気となった。彼らはシロアリの巣をほって産卵し、ヒナはそこでガの幼虫を食べて育っていたらしい。さらに、親も草の種しか食べないというこだわりぶりだった。そのため、人間に飼われても長生きはせず、人工繁殖もできなかったので、絶滅してしまったようだ。

先カンブリア時代	古生代						中生代			新生代		
	カンブリア紀	オルドビス紀	シルル紀	デボン紀	石炭紀	ペルム紀	三畳紀	ジュラ紀	白亜紀	古第三紀	新第三紀	第四紀

島が開拓されて絶滅

やあネズミさん。この虫はぼくが見つけた獲物さ。

いいえカエルさん。それは私が先に見つけたの。

かくなるうえは…。

……クイズで勝負っ！

では問題です。アフリカ西海岸から1930km離れたこの孤島の名前は？

セントヘレナ島！

で・す・が、1502年まで無人島だったこの島は木と水が豊富にあり…。

船の補給基地ができた！

……そのため、1814年に3507人だった人口は、1901年には…。

9850人まで増えた！

……のですがぁ、1874年に導入され、人口を大きく増やした産業は…。

「亜麻」の栽培っ！

ですがあッ、そのせいで森が減り海鳥が消えて、我々のような外来生物が島に持ちこまれた結果…。

絶滅したのが私です。

………………。

こうすりゃよかった

ゴマだかアマだか知らないけど、よそでやってほしいですね

絶滅年代	1967年
分類	昆虫類
大きさ	体長8.4cm
生息地	セントヘレナ島
食べ物	昆虫、海鳥のフンや羽毛

オオカマキリぐらいの大きさがあった世界最大のハサミムシ。ハサミムシは長距離を飛べないため、祖先は朽ち木といっしょに流されて島にたどりつき、天敵のいない環境で大型化したのだろう。しかし、島に移民が増えてくると、繊維や油をとるための亜麻栽培などにより環境が大きく変えられた。その結果、彼らのくらすゴムノキの森や海鳥の繁殖地が失われ、絶滅してしまったようだ。

ワシに間違（まちが）われて絶滅（ぜつめつ）

ミヤギさん

＼ワシだ〜ッ！／

グアダルーペカラカラさん

みなさん、私はメキシコ沖にあるグアダルーペ島にすむカラカラと申します。

今日、私はみなさんに知ってほしい！ カラカラは、ハヤブサの仲間ですが、ゆっくりとしか飛べないことを！ 食べるのは、おもに動物の死体や小動物。**ヤギなんて大きすぎて食えなぁあいッ!!**

ここは平和な島だった。でも、人間がやってくると世界は変わるんです！

ちょっと町の上を飛ぶので、見ていてくださいね。

「きゃッ！」「きゃッ！」「きゃッ！」「わ、ワシだーっ！」

この勘違い。**私をワシだと思って、家畜の子ヤギを食べると大さわぎしている。**

なんてせまい視野なんだ！ 思考がカットされている！ 銃で撃つだけでなく毒のエサまでまいて私を絶滅させるなんて…。

人間、だーい嫌いっ！

こうすりゃよかった
島じゃなくて大陸にすんでいればよかった

絶滅年代	1900年
分類	鳥類
大きさ	全長50cm
生息地	グアダルーペ島
食べ物	動物の死体、昆虫、トカゲ

メキシコのグアダルーペ島だけに生息していたハヤブサの仲間。ワシとハヤブサは同じ「猛禽類」だが、祖先はまったく異なる。しかし、死体をよく食べるせいで速く飛ぶ必要がなくなり大型化したカラカラは、島に移住してきた人間にはワシっぽく見えたようだ。そのため、大切な家畜であるヤギの子を襲うのではないかと疑われ、毒や銃で駆除された結果、200年ほどで絶滅してしまった。

ニホンカワウソさん

川が整備されて絶滅

防水性ばつぐんの毛皮

河童のモデルともいわれている

妹 ね〜っ、まだ歩くの？あたし疲れちゃった！

兄 もう少し。あと少し行けば休める場所があるから。

妹 本当？ずーっとおんなじ景色だよ？なんもないよ？

母 おや、前にすんでた巣穴はどこだい？この近くにあったはずだろ？

兄 **ああ…あそこは工事で埋められちゃったんだよ。**

母 あれまあ…。昔はこの辺りもよかったのにねえ。

妹 岩場とか木の根元とか、休める場所がたくさんあったんでしょ〜？

母 **そう、夜に動くわたしらは、昼のあいだ身を休める場所がないと生きてけない。**なのにどうだい、今はどこもコンクリで整備されて、すみにくいったらありゃしないよ！

妹 あ！海が見えてきた！

母 ああ、昔を思い出すねえ。

兄 本当だ…今も昔も海だけは変わらないね。

こうすりゃよかった
人間のいない場所があればよかった

絶滅年代	1979年
分類	ほ乳類
大きさ	体長70cm
生息地	日本
食べ物	魚、カニ

江戸時代までは日本全国に生息していたが、明治時代になると毛皮目当てで積極的に狩られるようになる。昭和3年に狩猟禁止令が出たころには、すでに一部の川沿いにしか生息していなかったようだ。さらに、戦後の高度成長期には全国的に川が汚染され、川の氾濫を防ぐための護岸工事も進められた。これにより、ニホンカワウソは食べ物とすみかを失い絶滅してしまったのだろう。

ラナイヒトリツグミさん

マラリアで絶滅

飛び回るネッタイイエカさん

プーン

プーン

プーン

↑
ブタさんがほった水たまり

ああ！ なんて不吉なの！ ブタが地面にまた穴をほっている…!! ああ…ごめんなさい、とりみだして。そうね…説明が必要だわ。**……ブタが地面に穴をほるとね…黒い影が襲ってくるのよおおっ！** やだ…ごめんなさい。つまり…地面に穴をほると、雨水がたまるでしょう。……するとそこにカが、たくさん卵を産んでいくのよ。そう…カよ！ わたしを

苦しめる黒い影の正体…！ 人間とともに船で運ばれて、この島にやってきた！ **そして大量に増えて…今日もブンブン…明日もブンブン…もう気が狂いそうだわ！** いえ…違うの。音だけならまだ耐えられる。おそろしいのは病気よ…。カが刺すときに「鳥マラリア」っていう病気をうつすの…。**島育ちで抵抗力のないわたしは、一度病気になったらおしまいなのよおおお！**

こうすりゃよかった
カが飛んでこない高いところにすみたいわ！

絶滅年代	1931年
分類	鳥類
大きさ	全長18cm
生息地	ラナイ島
食べ物	果実、昆虫

ハワイのラナイ島だけに生息していたツグミの仲間。1923年まではよく見られたが、1931年の調査では1羽も見つからなかった。急激に数が減った原因は「鳥マラリア」だといわれている。人間の船が、鳥マラリアの病原体をもつカノコバト(鳥)やそれを広めるネッタイイエカ(蚊)を運んできたのだ。免疫のないラナイヒトリツグミは次々に感染し、死んでしまったと考えられている。

※ここで紹介しているのはラナイ島に生息していた亜種(*Myadestes lanaiensis lanaiensis*)のこと

先カンブリア時代	古生代						中生代			新生代		
	カンブリア紀	オルドビス紀	シルル紀	デボン紀	石炭紀	ペルム紀	三畳紀	ジュラ紀	白亜紀	古第三紀	新第三紀	第四紀

苗木を食べられて絶滅

お客さん、まだ食べます…？　いえ、植物はだれのものでもないので、好きなだけ食べてOKですけど。でも、物事には限度があるっていうか…ねえ？

あの、ちょっと言いづらいんですけど、**最近お客さんたちが植物を食べすぎるせいで、むき出しになった土が風に飛ばされて地面がけずられていってるんです。**

これね、わたしらみたいに落ち葉の下とか地面の中でくらすもんにとっちゃあ、隠れる場所がなくなって正直しんどいんですよね。

あとね、発芽したての苗木ばかり食べられちゃうのも弱るんですよ〜。**新しい木が育たなくなるから、どんどん森が少なくなって、最後は砂漠みたいになっちゃうんですもん。**ね？　そうなると、こっちは商売どころか生涯あがったりですのよ〜なーんちゃって（笑）。

あの、聞いてます…？

ボリエリアボアさん

絶滅年代	1974年	生息地	ロンド島
分類	爬虫類	食べ物	トカゲ
大きさ	全長1m		

モーリシャスのロンド島のみに生息していた無毒のヘビ。トックリヤシやタコノキが生える森の落ち葉の下にもぐり、トカゲなどを食べていたらしい。しかし18世紀になると、それまでほ乳類すらいなかった無人のロンド島に人間が移住し、食料用のヤギやアナウサギが放された。すると、島の植物が次々に食べられ、ボリエリアボアはすみかの森を失って絶滅したようだ。

先カンブリア時代	古生代						中生代			新生代		
	カンブリア紀	オルドビス紀	シルル紀	デボン紀	石炭紀	ペルム紀	三畳紀	ジュラ紀	白亜紀	古第三紀	新第三紀	第四紀

朽ち木をほじくっていて絶滅

3

理不尽に、絶滅

夫 あ！また幼虫見っけ！

妻 おー！今日はツイてるね。

夫 いやーおれってば、幼虫探すプロだから。

妻 す〜ぐ調子にのる…。

夫 やっぱおれみたいに、**短いくちばしで木に穴をあけたほうが効率いいわー。**

妻 そんなの力技じゃん。わたしみたいに、**長いくちばしを木の隙間にさしこむほうがエレガントよ！**

夫 そんな怒んなよ。幼虫はいくらでもいるんだから。

妻 ……いないよ。

夫 え？

妻 もういないの。人間が森を牧草地に変えちゃったから。**幼虫がいる朽ち木がなくなってきちゃった。**

夫 ああ…そっか。

妻 くやしいね。ケンカしないように、夫婦でごはんの食べ方も変えたのにね。

夫 うん。

妻 時間をかけて進化しても、終わるのは一瞬だね…。

夫 幼虫…半分こしよっか。

こうすりゃよかった
おたがいバラバラに、なんでも食べれば幸せになれたかな

絶滅年代	1907年
分類	鳥類
大きさ	全長50cm
生息地	ニュージーランド
食べ物	昆虫

鳥のなかで唯一、オスとメスでくちばしの形が大きく違い、それぞれのくちばしの形をいかして朽ち木の中にいるカミキリムシの幼虫などを捕まえて食べていた。そのため、つがいでくらしていても虫をとり合わずにすんだはずだ。しかし19世紀になりニュージーランドに移民がやってくると、森を牧草地などに変えていく。すると、朽ち木も虫も少なくなり、絶滅してしまったようだ。

生きた化石のステージ　第3幕

ただの街路樹じゃないからね

秋の街を　黄色の葉で彩る　木々
あなたにとって　私はただそれだけの存在
でも知ってほしい　あなたに出会うため
恐竜がいた中生代から
私は変わらず生きている

ねえ　かわいげがないなんて　言わないで
秋になるとくさい　イチョウ並木
それはたしかに
私が落とした銀杏のせいだよ
でも私　美しい葉の1枚1枚で
あなたの心ほぐしたいと　思ってる

生まれたときからずっと　運命の相手を探してた
植物は　一つの体にオスとメス両方の性がある
だけど私たちは　オスの木とメスの木があるの
だれでもいいわけじゃないの　わかるでしょ

イチョウは
マツやソテツと同じ裸子植物
マツ類は540種あって
ソテツ類は300種いる
でもイチョウ類は世界に1種だけ
もう　ただの街路樹だなんて
言わないでね

イチョウさん

分類	イチョウ類
大きさ	木の高さ30m
生息地	中国 ※日本やアメリカなどで植栽されている
食べ物	光合成
生きた化石度	★★★

わけあって絶滅しそうです

絶滅危惧種は瀬戸際だ
生きのびられるか、絶滅するか
いろいろ事情はあるけれど
今なら間に合うかもしれない
ヨイヨイ、あなたはどう思う？

生きづらすぎて絶滅しそう

人間に毛皮をねらわれる
シャチさんに目をつけられる
毛づくろいをサボると水がしみる

ラッコさん

ラッコはつらいよ

わたくし、生まれも育ちも北太平洋。冷たい海水が産湯の代わり、科はイタチ、亜科はカワウソ、人よんで「絶滅危惧種のラッコ」と発します。

見てやってください、この毛の密度を！ 体全体で8億本もある立派な毛皮だ。これのおかげで冷たい海の中でも体はポカポカ。あんまり上等なもんだから、人間に狩られに狩られ、**30万頭もいたのが、一時は絶滅寸前ときたもんだ。**

こりゃいけねぇとあわてた人間さん。急いで保護にのり出したが、**アラスカではシャチが、ばくりばくりと手前どもを食いやがる。**どうやら獲物のクジラを人間に狩られて、あんにゃろうも腹ペコだったようだ。

そうかと思えば**1989年にはタンカーから重油がもれて、6000頭の仲間がおっ死んだ。**悪いこと続きでまいったねコリャ。

こうすれば絶滅しないかも
これ以上海が汚れないように願うしかないねェ

ピンチ度	4
分類	ほ乳類
大きさ	体長1.3m
生息地	北太平洋沿岸
食べ物	貝、ウニ

保温性の高い毛皮がねらわれ、18世紀なかばから乱獲されるようになった。20世紀に入ると保護されはじめたが、さまざまな不運がラッコを襲う。アラスカ沖では、海に流れ出た重油が毛皮を汚し、防水できなくなって大量死。カリフォルニアでは、寄生虫による伝染病が広がった。そのうえ、ラッコは人間の手で繁殖させるのも難しく、飼育している水族館も少なくなっている。

頭隠して尻隠さずで絶滅しそう

ソレノドンさん

シーン2

ピンチのときはブーブー鳴く

ドラマ
ソレノドンの失敗

シーン1　森の中の出会い

無言でソレノドンを見下ろすイヌ。驚いた表情で後ずさりするソレノドン。

ソ「な、なんだおまえ！　近づくと毒の牙でかむぞ！」

シーン2　逃走

森の中を必死に走って逃げるソレノドン。後ろからイヌが追いかけてくる。

ソ（くそ…あいつ、全然ビ

ビらない！ それに、なんてデカいんだ！ 少し前に人間が島にやってきてから、やばい動物によく出会う。迷惑な話だぜ！）

シーン3 覚悟

走り疲れて止まるソレノドン。覚悟を決めてさけぶ。

ソ「逃げられんなら隠れる！」

頭を岩の穴に突っこむが尻が丸見えのソレノドン。

※カメラ

むき出しの尻アップ。暗転。

※モノローグ

「その後、ソレノドンの姿を見たものはいない…」

こうすれば絶滅しないかも
イヌ・ネコ・マングースとはかかわりたくないね

ピンチ度 4

分類	ほ乳類
大きさ	体長30cm
生息地	キューバ島、イスパニョーラ島
食べ物	昆虫、ミミズ

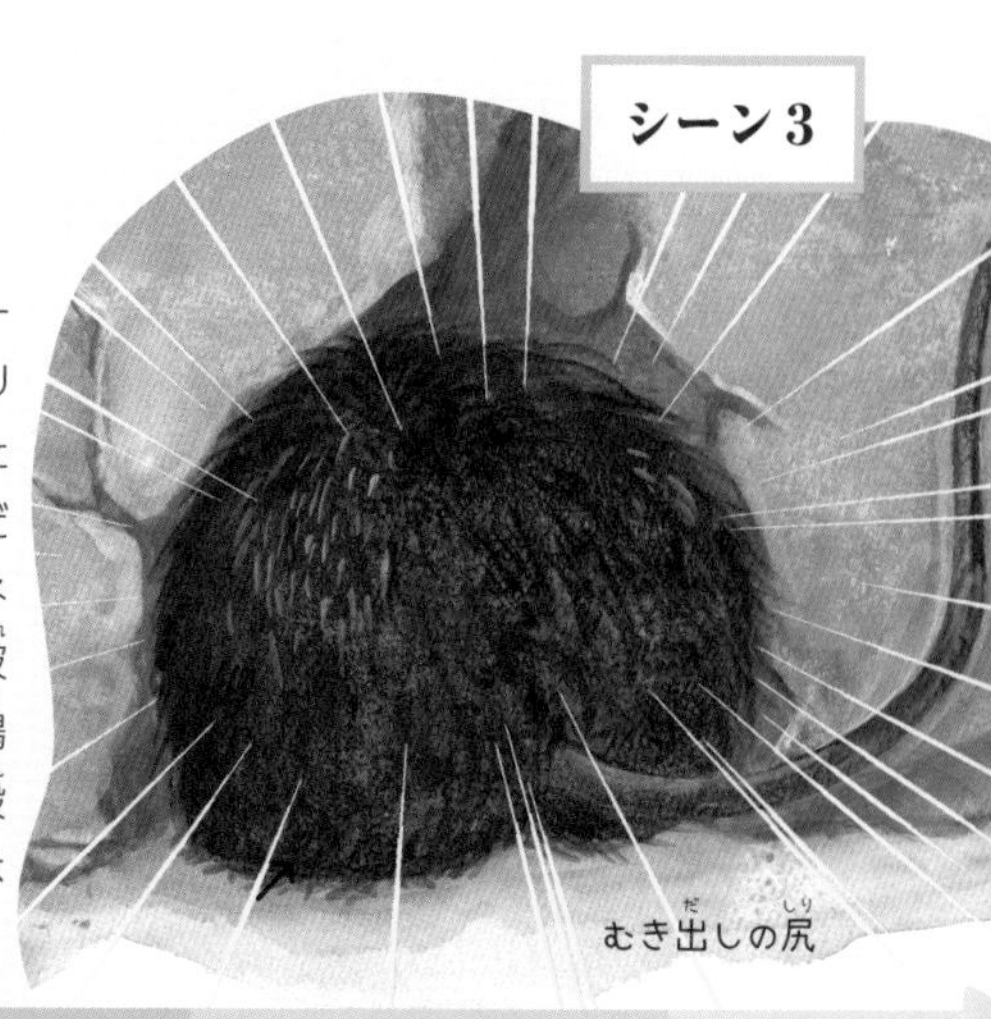

むき出しの尻

カリブ海のキューバ島とイスパニョーラ島だけに生息する、世界最大のトガリネズミの仲間。これほど大きくなれたのは、島に肉食獣がいなかったためだろう。ところが、人間とともに、イヌやネコ、マングースがやってくる。そこで彼らは「穴に頭だけ突っこむ」「ブーブー鳴く」「くさい液を出す」といった防御手段を編み出したが、どれもあまり有効ではなく、絶滅寸前まで追いやられている。

冷凍庫の性能がよくなって絶滅しそう

おい！ぼーっとこの本を読んでいるキミ！**もっと熱くなれよ！**熱くなれば、おれのように冷たい海でもスイスイ泳げる！おれはがんばった。水中でも体温を保てるように進化した。キミはどう？**いつ観客をやめて人生のプレイヤーになるんだよ！**

おれだって、うんとつらいときがあるよ。この体のせいで、陸に上がると体温が上がりすぎる。**熱を外に逃がせなくて80℃ぐらいになっちまう。**おかげで体がすぐに腐って、ネコも食べないほどまずいなんていわれてたよ。でもだからなんだ！過去？未来？違うだろ？大切なのは、今だろ！**そう、時代が変われば人も変わる！**今は釣られて即マイナス60℃の冷凍庫で凍らされる。だからみんながおいしいおいしいとおれを食べるようになった！おかげで絶滅しそうだぜ！

分類	硬骨魚類
大きさ	全長3m
生息地	太平洋、大西洋
食べ物	魚、甲殻類

クロマグロは高速で泳げる半面、泳ぎ続けなければ呼吸ができないという弱点もある。だから、冷たい海で体が冷えて動きがにぶらないよう、体温を高く保つ機能が進化したのだろう。一方、体温を下げるのは苦手で、水から出るとゆでられたような状態になる。そのため、昔は腐りやすくまずい魚と思われていたが、瞬間冷凍できるようになったことで、絶滅しそうなほど食べられている。

先カンブリア時代	古生代						中生代			新生代		
	カンブリア紀	オルドビス紀	シルル紀	デボン紀	石炭紀	ペルム紀	三畳紀	ジュラ紀	白亜紀	古第三紀	新第三紀	第四紀

ウロコが裏目に出て絶滅しそう

センザンコウのひみつ日記（見ちゃダメ〜！）

9月2日（晴れ）
今日もライオンがやってきた。これで3回目だ。わたしが体を丸めると、牙でガチガチとかみついてきたけど、全然痛くない。わたしのウロコは、とっても硬いのだ！

9月5日（くもり）
今日は、シロアリを2万匹食べた。いい日だった。

9月6日（晴れ）
今日もシロアリを食べに行こうとしたら、人間が近づいてきたので丸まった。たたいてこないな、と思ったら、急に体を持ち上げられた。わたしをどこに連れていくつもりなのだろう？

9月8日（？）
トラックの後ろでこっそり書いてる。運転手が「うまそうだ」とか「ウロコで防弾チョッキをつくろう」と話している。よくわからないけど、体を丸めていれば、きっと大丈夫だよね？

こうすれば絶滅しないかも

丸まってるときは放っておいてほしいなあ

歯がなく、長い舌でシロアリなどを食べるが、分類的にはアリクイよりもイヌやネコに近いグループ。ほ乳類で唯一、硬いウロコをもち、無敵の防御力を誇る。丸まってしまえばライオンの牙も通さないほど頑丈だが、人間には簡単に捕らえられてしまう。中国には、彼らのウロコを薬の材料にしたり肉を食べたりする文化があり、アフリカから密輸までしているので、数が激減している。

先カンブリア時代	古生代						中生代			新生代		
	カンブリア紀	オルドビス紀	シルル紀	デボン紀	石炭紀	ペルム紀	三畳紀	ジュラ紀	白亜紀	古第三紀	新第三紀	第四紀

おしゃべり上手で絶滅しそう
5歳児と同じぐらいの知能
Good Morning
オランダ人が日本に連れてきた
ヨウムさん

どうもー！「西洋の鸚鵡」こと、ヨウムちゃんでーす！

ちな、先に言っておくとウチの出身は西洋じゃなくてガーナとかアンゴラとか、アフリカど真ん中の森ね。あとオウムでもない。本当はインコの仲間。なにも合ってなくてせつねえ。

あ！でもウチの何十代か前の祖先は古代ローマのセレブに大人気だったの！ローマ皇帝に挨拶してほめられたらしい。皇帝好きぃ。

まーそんな感じでウチって頭いいし、めっちゃしゃべるし、おまけに動物の鳴きマネとかもバンバンこなしちゃうから人間がほっとかないっていうか、20世紀後半から人気がブチ上がって「ペットにしたい！」って人が増えたのね。

おかげで密猟されまくってガーナにすんでた仲間は10%以下に減ってるらしいの。泣いたー。

こうすれば絶滅しないかも
ウチらを好きなら求めすぎないでって話

ピンチ度	3
分類	鳥類
大きさ	全長30cm
生息地	中部アフリカ
食べ物	果実

アフリカ中央部の森林に生息するインコの仲間。人間の言葉を上手にまねるため、ヨーロッパでは大昔から人気が高い。群れでくらすので人間ともコミュニケーションをとりたがるところや、寿命が50年と長いことも人気の理由。人間の手でも増やされてはいるが、ほしがる人が多ければ生息地での捕獲も増える。国際的な取引が規制されても密猟はなくならず、絶滅が心配されている。

タスマニアデビルさん

ケンカっ早いと寿命が縮むので
最近はおだやかなものが増加中

デビルがんで絶滅しそう

20XX年。タスマニア島では、血で血を洗うタスマニアデビルたちの戦いが繰り広げられていた——!

ぐ、ぐぬうッ!

フハハハッ!ついに顔にかみついてやったわ!

ふん、これしきの攻撃で。おめでたいヤツだ。

おめでたいのは、うぬのほうよ。我の牙が、ただの牙だとでも思うたか!

——!! **も、もしや貴様…!**

「デビルがん」か…ッ!?

いかにも。我が肉体に巣食うがん細胞は、血とともにかんだ相手の傷口に入りこむ。**かまれた相手の体内でデビルがんは増殖し、半年で死にいたるのだッ!!**

くッ…。元よりデビルの星の下に生まれし運命。食べ物やメスをめぐり、血まみれになって戦い続ける一生に変わりはない!**平穏など、とうに捨てたわッ!**

ならば今一度勝負!

デビルたちの戦いは続く!

こうすれば絶滅しないかも

おだやかなヤツがもっと増えたら平和になるかもな!

3

ピンチ度	
分類	ほ乳類
大きさ	体長60cm
生息地	タスマニア島
食べ物	動物の死体、ザリガニ、鳥

オーストラリアのタスマニア島だけに生息する、世界最大の肉食有袋類。攻撃性がとても強く、仲間同士で死体の肉をめぐって血みどろで争う。また、繁殖期にはオスとメスがかみつき合い、血まみれになりながら交尾する。そのため、1996年に、がん細胞が傷口から入りこむことで感染する「デビル顔面腫瘍性疾患」が発生すると、あっという間に広まり、絶滅の危機におちいっている。

先カンブリア時代	古生代						中生代			新生代		
	カンブリア紀	オルドビス紀	シルル紀	デボン紀	石炭紀	ペルム紀	三畳紀	ジュラ紀	白亜紀	古第三紀	新第三紀	第四紀

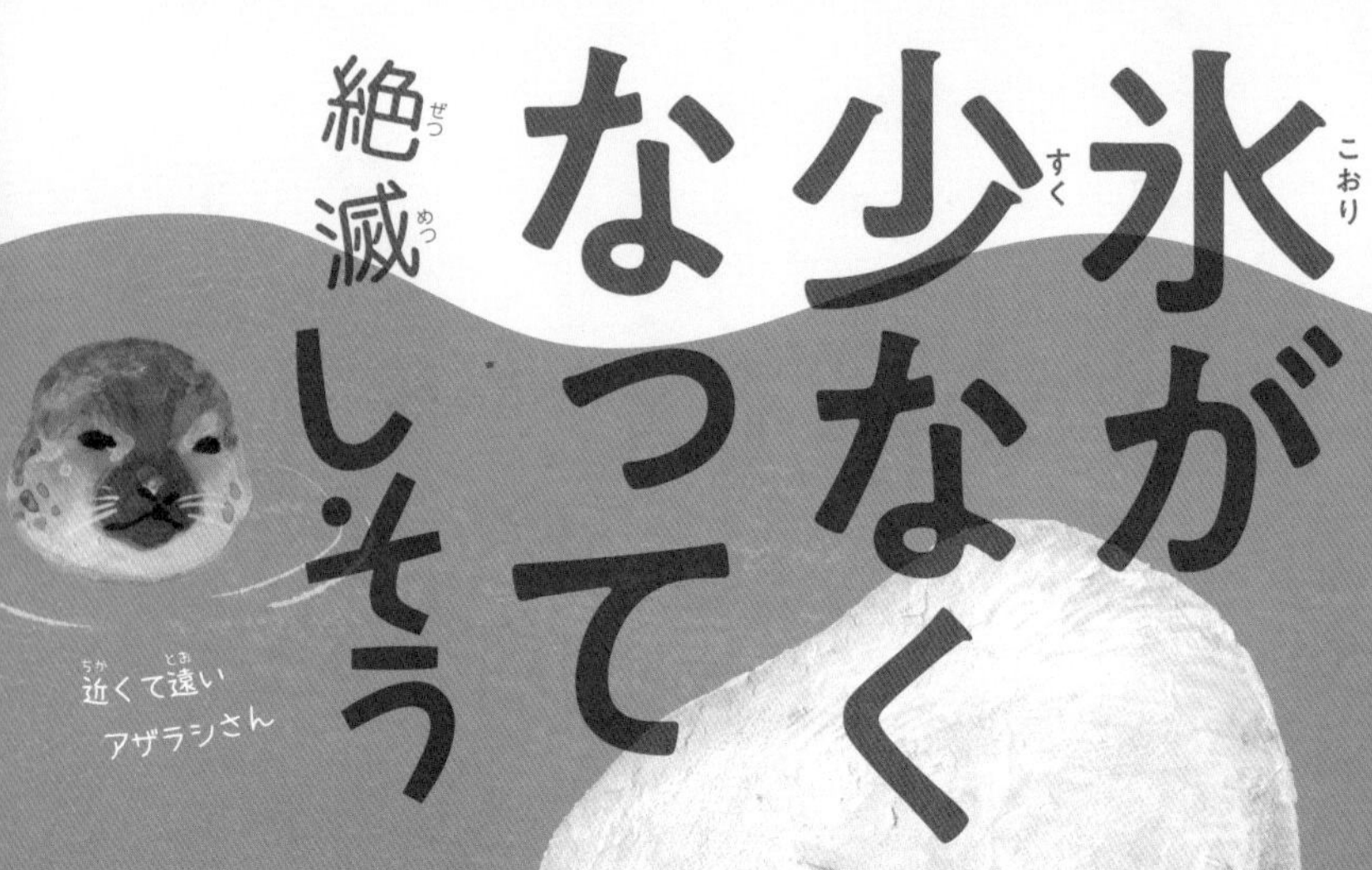

氷が少なくなって絶滅しそう

近くて遠いアザラシさん

ホッキョクグマさん

ポツン…

え、ここまで氷とける？ 海落ちるの確定パターン入ってるけど！

ちょっとさー「地球温暖化ルート」の難易度高すぎん？ **氷とけまくりで全然アザラシゲットできねぇわ。**

このデカい図体見たらわかると思うけど、おれって「一撃必殺キャラ」なのよ。**子育て中のアザラシにそっと近づいて「ぶんなぐり」か「かみつき」を食らわすのが定石なわけ。** あとは「待ちぶせ」っていうトリッキーな技もあるけど。氷の割れ目のそばでじっとしてて、**アザラシが息つぎしに海から顔を出した瞬間にぶんなぐるっていうね。**

まあいずれにせよ、ぶ厚い氷がないとアザラシに近づけねーんすわ。だから夏のあいだはほとんど食えなくて体力が落ちんの。なのに氷がはらなくて冬でも狩りができないとか、無理ゲーすぎんだろ！

こうすれば絶滅しないかも
至急、温暖化のバランス調整頼むわガチで

2

ピンチ度

分類	ほ乳類
大きさ	体長2.2m
生息地	北極圏とその周辺
食べ物	アザラシ

15万年ほど前にヒグマと共通の祖先から進化し、より寒い環境に適応したのがホッキョクグマだ。彼らはクマのなかで最も肉食性が強く、おもにアザラシを食べている。その狩りは北極海の氷の上で行われるので、氷がとける夏は狩りができず、ほとんど絶食状態。近年は、地球温暖化によって海に氷がはる季節が短くなっているため、やせすぎて死んでしまうものが増えているのだ。

先カンブリア時代 | 古生代：カンブリア紀 オルドビス紀 シルル紀 デボン紀 石炭紀 ペルム紀 | 中生代：三畳紀 ジュラ紀 白亜紀 | 新生代：古第三紀 新第三紀 第四紀

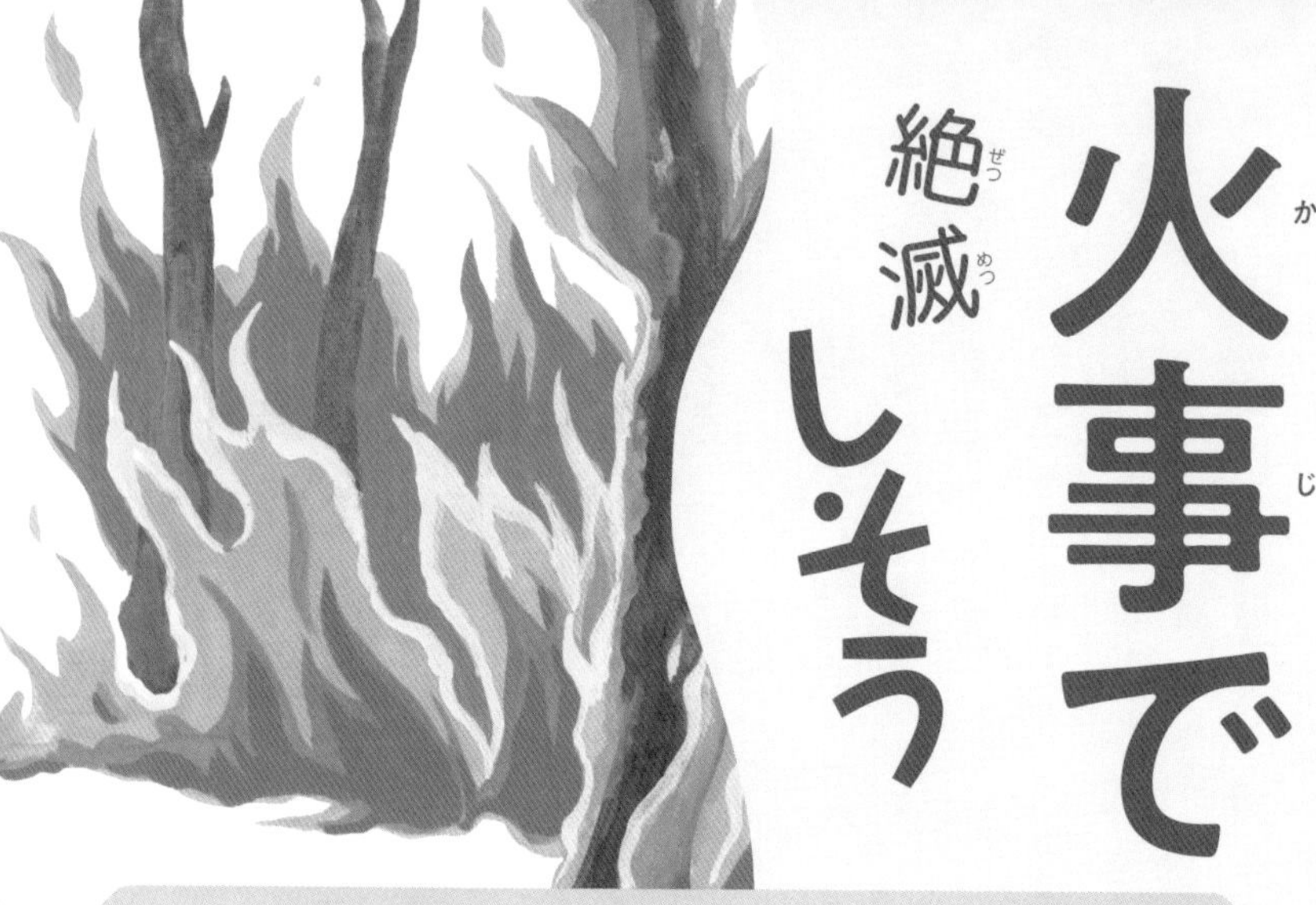

火事で絶滅しそう

コアラNEWS24

いったい、被害はどこまで広がるのでしょうか。

2019年9月、オーストラリアの森林で大規模な火災が発生しました。関係者によりますと、火は20年2月まで5か月間消えることなく、およそ1860万ヘクタールの森と草原を焼き尽くしたということです。これは、日本の面積のほぼ半分になります。

現場は、燃えやすい油分を多量にふくむユーカリの木が密集しており、たびたび火災が起こっていました。とくに19年の夏は記録的な猛暑だったうえ、空気が極端に乾燥していたことも、火災が広がった原因と考えられています。

この火災により、森にすんでいたコアラ8000頭が死亡。また、10億匹以上の野生動物の命が奪われたと推測されています。一刻も早い復興を願います。

コアラさん

分類	ほ乳類
大きさ	体長70cm
生息地	オーストラリア東部
食べ物	ユーカリの葉

コアラが生息しているのは、主食であるユーカリが生える、オーストラリアのごく限られた範囲。というのも、オーストラリアは乾燥した大陸で、ほとんどが木の生えない砂漠だからだ。乾燥した気候に加えて、ユーカリには油分が多い。そのため自然火災が起きやすく、2019～2020年には広範囲で火災が発生。数万頭しかいないコアラの生息地が焼き尽くされ、絶滅が心配されている。

レアすぎて絶滅しそう

人間に見つかる前から絶滅の危機

サオラさん

兄 そこの者、止まれ！
弟 我々のすみかに何用だ！
兄 **貴様…もしやウシか？**
ウシのたぐいなのか⁉
弟 いや兄者、どう見てもこやつは人間であろう。
兄 なんだ、人間か…。**我々はこう見えて誇り高きウシ科ウシ亜科ウシ族の末裔。つまり生粋のウシ！**
それがなぜこうもウシを憎むか、貴様にわかるか⁉

弟 まわりくどいぞ、兄者。

兄 **ウシに負けたからだ。**その昔、我らの祖先はウシの仲間との戦いに敗れ、山の上へ追いやられた。

弟 それ以来、我らは平地に下りることもかなわず…2000mをこえる山の尾根沿いで、細々とくらしてきたのだ。

兄 しかし！ そのおかげで人間に見つかることなく、今まで生きのびてこられたのも、また事実！

弟 **いやだから兄者、目の前にいるのが人間なのだ。**

5

こうすれば絶滅しないかも

これからもここでひっそりくらすだけさ

ピンチ度	■■■■■
分類	ほ乳類
大きさ	体長1.8m
生息地	ラオス、ベトナム
食べ物	木の葉

ほっそりした体つき

サオラが発見されたのは1992年。なぜそれまで見つからずにいたのかというと、彼らの生息地がベトナムとラオスの国境にある標高2000mをこえる山沿いという、ものすごい秘境だったからだ。おそらくサオラの祖先は、ほかの草食獣との競争に負けて、山奥に追いやられたのだろう。そして、たまたまライバルや人間がいない秘境にたどりついたことで、細々と生きのびられたようだ。

稚魚がとられすぎて絶滅しそう

ニホンウナギさん

わたしの一生

今回みんなにわたしの一生を紹介するね！

グアム島近くのマリアナ海溝で誕生！ 卵からかえったばかりのころは透明なんだ。マリンスノー（名前かわいい♥プランクトンの死体なんだけどね）おいしかったな。**たくさん食べてシラスウナギに変態するよ。**

波にゆらゆら揺られて日本の近くに到着ー♪　ここで人間が登場。100t近い仲間が漁船に捕まっちゃうの…。**捕まった仲間は、おとなになるまで育てられて食べられるよ**（みんな好きだよね、かば焼き💧）。

生き残った仲間は、川をどんどんさかのぼる。**このころから体が黒くなってウナギらしくなるよ**（紫外線から内臓を守るために黒くなるって知ってた？）。そして川や湖で、5～10年かけておとなになるんだ。

あとは、もう一度海に戻って卵を産んでおしまい！

こうすれば絶滅しないかも
食べるだけじゃなくて卵を産ませてほしいな

3

ピンチ度	3
分類	硬骨魚類
大きさ	全長1m
生息地	西太平洋
食べ物	魚、甲殻類

ウナギの養殖では、川をさかのぼるためにやってきた稚魚（シラスウナギ）を捕まえて、成魚まで育てている。稚魚になる前のウナギの育成はとても難しく、今のところ完全養殖するとお金がかかりすぎてしまうのだ。現在は数が少なくなったため、稚魚の価格が高騰しており、東アジアの国々がとり合っている状態。産卵できずに食べられるばかりでは、数が減り続けるのも当然だろう。

死体の発見が早すぎて
絶滅しそう
カリフォルニアコンドルさん
獲物は飛びながら探す
コヨーテさん
スウ〜ッ

はーん。私、わかっちゃった！この獣くささはコヨーテの死体ね。ここから北へ2km先の地面に落ちてる。それとこっちの、ほのかに土と葉の香りがまざった肉のにおい…。これはジリスね。4km東の畑の近くで死んでるわ。**私は下界のことはなんでもお見通しよ。**見るんじゃない、感じるの。私の鼻は10km離れた場所の死体のにおいもわかるぐらい敏感。

それに翼を広げて風にのれば、離れた場所へもあっという間に飛んで行ける。**必死に走ってくるオオカミちゃん、コヨーテちゃん、いつもお先に肉をいただいちゃってごめんなさいね。**ただ最近、鳥の死体に鉛の弾みたいなのが入ってて、食べづらいことが多いのよねえ。それに、牧場のそばに置かれてた肉を食べてから体の調子が悪いのよ。**まさか…毒じゃないわよね？**

5

こうすれば絶滅しないかも

毒ってどんなにおいなのかしら？

ピンチ度

分類	鳥類
大きさ	全長1.3m
生息地	北アメリカ
食べ物	動物の死体

動物の死体をにおいで探して食べる、世界最大の猛禽類。人間が害獣を駆除するために置いた毒入りのエサを食べたほか、毒で死んだ動物の肉まで食べたため、多数が死亡した。また、銃で撃たれて死んだ動物を、体の中に残った鉛弾ごと食べてしまい、鉛中毒になったことも減少の原因。一時は野生個体がいなくなったものの、人工繁殖により少しずつ増え、一部は野生に戻されている。

先カンブリア時代	古生代						中生代			新生代		
	カンブリア紀	オルドビス紀	シルル紀	デボン紀	石炭紀	ペルム紀	三畳紀	ジュラ紀	白亜紀	古第三紀	新第三紀	第四紀

砂漠に強すぎて絶滅しそう

ヒトコブラクダさん

すみません、もう野生では絶滅しちゃったんですよ〜。2000年前から人間のみなさんに大変ご好評いただいておりまして〜。**今は家畜として飼われているだけになります。**

昔は自動車なんてありませんから、砂漠を歩いてわたるのは命がけでした。それで私らが大変重宝されまして。**なにせ水も飲まずに**

100kgの荷物を背負って1日30kmは歩けますので。

その代わり、水を一気に200ℓ飲むときもあります。私らは体の組織中に水をふくませて「飲みだめ」ができるんです。あと、コブには脂肪がたっぷりつまってます。これを分解してエネルギーに変えるんですね。あ、それからバサバサのまつ毛とぴったり閉じる鼻の穴もあります。これで砂嵐もどんとこいです。

だから、便利すぎて狩り尽くされちゃったんです。

こうすれば絶滅しないかも

能力が高すぎるのも、いいことばかりじゃないですね〜

1

ピンチ度	
分類	ほ乳類
大きさ	肩までの高さ1.9m
生息地	西アジア、東アフリカ ※外来生物としてオーストラリアに分布
食べ物	草

コブは脂肪を分解すると小さくなる

ヒトコブラクダは世界で1300万頭以上が飼育されている。それなのになぜここで紹介するのかというと、野生のヒトコブラクダは2000年ほど前に人間に狩りつくされ、絶滅しているからだ。ただし、敵のいないオーストラリアの砂漠では、人間によって連れてこられたものが逃げ出して大繁殖している。しかし、そこは本来の生息地ではないので、今でも「野生では絶滅」したままなのだ。

先カンブリア時代	古生代						中生代			新生代		
	カンブリア紀	オルドビス紀	シルル紀	デボン紀	石炭紀	ペルム紀	三畳紀	ジュラ紀	白亜紀	古第三紀	新第三紀	第四紀

絶滅は、今、起きている

こんにちは。いきなりですが、地球の「今」をお伝えする「地球ニュース・ナウ」のコーナーです。

え〜、みなさんはここまで絶滅しそうな生き物、つまり「絶滅危惧種」の章を読んできましたが、「じつは絶滅危惧種のこと、あんまり知らない」って方もいらっしゃるんじゃないでしょうか？

は〜い、でもでも大丈夫！　そんなあなたのために、わたくし、ウチュ〜・ジンが、心をこめてリポートします！

いいですか、「絶滅」は遠い過去の話ばかりではありません。

今、まさに絶滅しそうになっている生き物が、調べられているだけで3万種以上もいるのです！

地球 ニュース・ナウ

リポート

絶滅危惧種

宇宙人リポーター
ウチュ〜・ジン

そもそも…絶滅危惧種って？

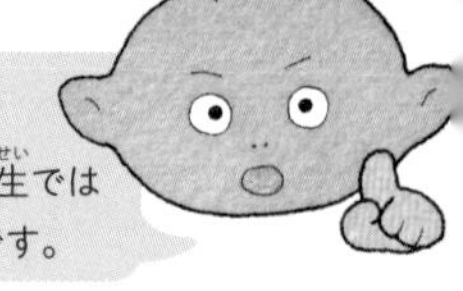

「絶滅危惧種」というのは、
簡単に言えば「絶滅するおそれがある生き物」のこと。つまり、野生では子孫を残すのが難しい、アブない状態になっている生き物のことです。

これがアブない状態だ！

1 数が少ない

たとえば大型動物の場合、10万頭より少なくなると、種を維持するのが難しくなるといわれる。ずいぶん大きな数字に思えるけれど、大きな動物は広い範囲でくらしているため、子孫を残すにはたくさんの個体が必要なのだ。

2 急に数が減った

10万頭より多くても、短い期間で急激に数が減った生き物は、なにか大きな危険にさらされている可能性がある。

3 もはや本来生きていた環境にいない

元いた場所と違う地域や、動物園などの飼育環境にしかいない生き物も、絶滅危惧種だ。

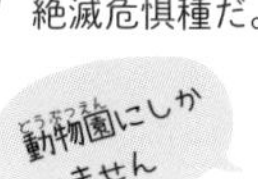

や

など

ていうか…

だれが絶滅危惧種って決めてるの？

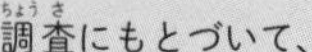

調査にもとづいて、
・種が存続できるだけの個体数がいるか
・生息できる環境が残されているか　といったことを基準に判定しているようです。どれくらい絶滅のおそれが高いのか、調査を行う国や機関ごとにいろいろなランクがあります。

たとえば…

レッドリスト（IUCN）

IUCN（国際自然保護連合）が作成した、絶滅のおそれのある野生生物のリスト。すでに絶滅したものから、絶滅のおそれが低いものまで、11万種以上が9つのランクに分類されている。

レッドリスト（環境省）

日本の環境省が作成した、日本国内の絶滅危惧種のリスト。5748種を7つのランクに分けて評価している。

でも、レッドリストに強制力はない！

レッドリストは、あくまで絶滅のおそれを示したもの。**どの生き物をどうやって守ればいいか、決めるためのスタートなのだ。**ちなみに、日本には絶滅危惧種を保護する「文化財保護法」という法律があり、貴重な生き物や鉱物、それらが存在する地域を、天然記念物に指定して守っている。

こうなると絶滅

動物の場合、生きている証拠が

50年以上確認できないもの は「絶滅した」とみなされる。

※この本では、IUCNのランクでとくに絶滅のおそれが高いとされる3万種以上のなかから、独自の「ピンチ度」をつけて紹介しています

はいっ！ かけ足で「絶滅危惧種」についての情報をリポートしてきましたが、いかがでしたか？

最後にお伝えしたいのは、今もたくさんの生き物が絶滅し続けているという事実です。

人間が豊かさを求めるほど、環境やほかの生き物にあたえる影響は大きくなります。だから、どこかのラインで我慢をしないと、絶滅の勢いは止まらないでしょう。

みなさんは、そのラインをどこに引くべきだと思いますか？ これは正解のない難問ですが、みなさんならきっといつか、答えを出せると信じています。

現場からは以上です

ガー&クレイジーガール

Um…ベイビー　キミは最高のガール
恋したボクはガー
ペルム紀生まれの古代魚さ

だれもがうらやむ　このジャイアントボディ
3mの体で　湖と川じゃ負け知らず
細長い口と鋭い歯は　まるでワニのようさ

でもキミの視線の先には　小さな海水魚
大きな淡水魚のボクには　目もくれない

だれもがたじろぐ　このグレートボディ
ぶ厚く硬いウロコは　まるでよろいみたいさ

でもキミが夢中なのは
優雅に泳ぐ身軽なアイツ
薄いウロコをまとった　イマドキの魚
ボクの重いウロコじゃ　川の流れにも逆らえない

世界中にいた　仲間たちは
今じゃたったの7種だけ
一度でいいから
キミの笑顔が見たかった
心も体も　もう窒息しそうさ

アリゲーターガーさん

分類	硬骨魚類
大きさ	全長3m
生息地	北アメリカ南部
食べ物	魚、鳥、カメ
生きた化石度	★☆☆

絶滅した…と思ったら生きてた

この世に絶対はないもんだ
しょせん我々人間にゃ
世界のすべてはわからない
絶滅したはずの生き物が
ドッコイ、生きてることもある

うんこをとられて

絶滅した
…と思ったら
生きてた

ネグロスケナシフルーツコウモリさん

背中に毛がないので「ケナシ」とよばれる

うんこがほしい人間

←うんこ

弟 ねーちゃん！ また人間が洞くつに来たよ！ 食べられちゃうよ！

姉 しっ！ **あいつらがほしいのは肉じゃないわ…。「うんこ」よ！**

弟 うんこ…？ あいつら、うんこを食べるの⁉

姉 いえ、さすがに食べないわ。わたしたちのうんこは、農作物を育てる肥料になるの。人間は、森を畑に変えてわたしたちが食べる木の実を奪ったうえに、**わたしたちのうんこで畑のサトウキビをせっかく育てているのよ！**

弟 や、やりたい放題じゃないか！ ちくしょう！

姉 おかげでわたしたちの仲間は1964年を最後に姿を消してしまった…。

弟 **でも…生き残りがいた？**

姉 そう、2001年に生き残りが発見されたの。それがわたしたち。だけど森林の伐採が続く限り、安心はできないわ。

生きのびて一言
奪うのはうんこだけにしてちょーだい

絶滅疑惑年代	1964年
再発見年代	2001年
分類	ほ乳類
大きさ	体長22cm
生息地	ネグロス島、セブ島
食べ物	果実

フィリピンのネグロス島とセブ島のみに生息するオオコウモリ。超音波で周囲を探る能力はなく、真っ暗闇では飛べない。そのため、明かりがさしこむ洞くつの入口付近をねぐらにしていたようだ。ところが、彼らの糞尿が肥料になることから、それをねらう人間によって洞くつがあらされる。すると、だんだん姿を消していき、一時は絶滅したと思われたが、2001年に再発見されている。

湖が干上がって

絶滅した…と思ったら 生きてた

「生き残ってた〜！」じゃないですよ。**人間さんが勝手に僕らを絶滅したことにしてただけですよね？** 生きてるっちゅうねん。勝手に再発見して盛り上がらないでもらえます？

そもそもね、僕らを絶滅寸前まで追いつめたのは人間さんじゃないですか。「砂漠の村に水を送る！」とか言ってでっかい水路をつくって、周りの湿地まで農地にしちゃって。そのせいで僕らがすんでた湖は干上がっちゃったんですから。

まあ、百歩ゆずって、それはわかりますよ。生活のためですよね？ でもね、そのあとがわからん。**自分で環境を変えておいて、生き物が減ったら、今度はあわてて守ろうとしたでしょ？** 保護区とか指定して「生き物を守れ〜」って。

だったら最初からすんなよと。ほんと、なにがしたいのか全然わからん。

5 絶滅した…と思ったら生きてた

パレスチナイロワケガエル

絶滅疑惑年代	1955年
再発見年代	2011年
分類	両生類
大きさ	体長8cm
生息地	イスラエル
食べ物	甲殻類など

パレスチナイロワケガエルは1940年の発見当時からすでに数が少なく、捕獲されていたのは5匹のみ。それなのに、1951年にはヨルダン川から砂漠に水を引く工事がはじまり、唯一の生息地だったフーラ湖が縮小してしまう。その結果、1955年に捕獲された1匹を最後に絶滅したと思われていた。ところが、1963年にフーラ湖とその周辺は自然保護区に指定される。すると、湖周辺の湿地環境が少しずつ回復していったので、2011年の再発見につながったのだろう。

先カンブリア時代 | 古生代：カンブリア紀、オルドビス紀、シルル紀、デボン紀、石炭紀、ペルム紀 | 中生代：三畳紀、ジュラ紀、白亜紀 | 新生代：古第三紀、新第三紀、第四紀

バーバリライオンさん

胸までおおう黒っぽいたてがみ

人間に狩り尽くされて絶滅した…と思ったら生きてた

今は昔、我々バーバリ族は北アフリカでくらしておった。**ほかの土地のライオンよりも体が大きく、黒いたてがみを風になびかせて歩く姿は、まことに勇壮であった。**

だが、ヨーロッパの近くでくらしていた我々は、古代ローマ時代から人間に狩られていた。近代になると人間は「銃」を発明し、趣味と称してさらに我々を狩った。最後に写真が撮影されたのは1927年。それ以降、生きているバーバリ族の姿を見た者はひとりもおらんかった…。

ところがじゃ。**狩り尽くされる前に、モロッコのある民族が皇帝へ数頭のバーバリライオンを献上し、王宮で飼われていたことがのちにわかった。**今、その末裔は動物園でくらしている。

人間に飼われて生きながらえたことを喜ぶべきか否か。お主はどう思う？

生きのびて一言
今でも我々の姿をおがめることをありがたく思うのだぞ

絶滅疑惑年代	1920年代
再発見年代	2000年代
分類	ほ乳類
大きさ	体長3m
生息地	北アフリカ
食べ物	シカ、ガゼル

現在アフリカに生息するライオンは、サハラ砂漠より南側にしかいない。しかし、かつては地中海沿岸の北アフリカにも、バーバリライオンという亜種がいた。人口の多いヨーロッパに近いせいで、彼らは古くから狩りの対象とされ、すでに野生では絶滅してしまっている。ところが近年、モロッコなどの動物園にいるライオンのなかに、バーバリライオンが残っていることがわかってきた。

アホウドリさん

パートナーが死ぬと数年は繁殖しない

故郷が燃えて

卵は1年に1個だけ産む

絶滅した…と思ったら

生きてた

♪愛し故郷

はるばる帰るよ
北の海から　故郷の島へ
愛する彼と　卵を産みに

思い出すのは　幼い記憶
人間に近づいた　父さんは
棒でなぐられ殺された
人間に近づいた　母さんは
羽をとられて布団になった

だけど　故郷はここだけよ
なのになのに…それなのに

火山が噴火して　島は壊滅
木から土まで　溶岩まみれ
人も鳥も　もうくらせない
帰れる島は　なくなった

嗚呼～愛する彼と2羽
この世界からの　逃避行
私たちの　行く先は
絶滅という名の　終着駅

と思った　それなのに～
なんか10年ぐらいしたら
島がいい感じに戻ってて
ふつうに子育てできたので
思いつめるのはよくないね

生きのびて一言
時間がたてば
いろいろ変わる

絶滅疑惑年代	1949年
再発見年代	1951年
分類	鳥類
大きさ	全長90cm
生息地	北太平洋
食べ物	イカ、魚

アホウドリは寒い海の上を飛び続け、繁殖期にだけ暖かい海の島にやってくる。つまり、島で待っていれば次々に飛んできたため、簡単に狩られまくったのだ。さらに、最後の繁殖地となっていた鳥島で大噴火が発生したことから、1949年には絶滅したと思われた。ところが1951年、寒い海で成長した若鳥が鳥島に戻ってきていることが確認され、その後は保護が続けられている。

前略♪草原のあなたへ

前略　草原でくらすキリンさん
わたしたちは同じ　キリン科の仲間だけど
体の模様も　首の長さも　すむ場所も
今ではまったく　変わってしまったね

地球が乾燥して　草原が広がった中新世から
わたしたちは異なる道を　歩きはじめた
あなたは森を出て　草原に旅立った
わたしは森にとどまり
流れに身をまかせた

あれからどんどん草原が広がっていったけど
中部アフリカの森は残り　わたしは生き残った
今では限られた森でくらし
珍獣なんていわれてる

でもね　草原で数少ない高い木の葉ばかり食べる
あなただって相当　変わってると思うの

前略　草原のあなたへ
おたがい　いろいろあったけれど
あなたは　あなたらしく
その首のようにいつまでも
長く幸せにくらしてね　草々

オカピさん

分類	ほ乳類
大きさ	肩までの高さ2m
生息地	中部アフリカ
食べ物	木の葉
生きた化石度	★★☆

6 わけあって繁栄しました

繁栄するってたいしたもんだ
自分に合った環境で
数を増やしてたくましく生きる
そんな彼らの姿から、
学べることもソリャあるさ

家畜になって繁栄

6億t。それが彼の、わたしに対する愛の重さ……。まわりくどくてごめんなさいね。でも、簡単には言葉にできないの。

彼……人間との関係がはじまったのは8500年前。

わたしがすんでた草原に彼がやってきて家を建てたの。

最初の印象はサイアク。槍や石を投げて襲ってくるんだもの！ わたしは必死に逃げたわ。でも、あるとき彼がこう言ったの。

「おれんとこ、来ないか？」

それからわたしは、彼とともにくらすようになった。彼が食べ物をくれる代わりに、わたしは牛乳をあげたわ。彼、とっても喜んで、どんどんわたしたちの子どもを増やしていった。

おかげで今は、世界中に15億頭もの子孫がいるわ。重さにすると、6億t。**いつの間にか、地球でいちばん繁栄した動物に、わたしはなっていたのよ。**

分類	ほ乳類
大きさ	肩までの高さ1.4m
生息地	家畜として世界中に分布
食べ物	草など

生物の「体重×個体数」を計算すると、その生物が地球上に存在する「量」がわかる。これを「生物量(バイオマス)」という。ウシの生物量は、野生動物で最大のナンキョクオキアミ(3.8億t)を大きく上回る6億tにもなる。人間は家畜としてウシを利用しているが、ウシもまた人間を利用することで、効率よく子孫の数(遺伝子のコピー)を増やすことに成功したともいえるだろう。

先カンブリア時代	古生代						中生代			新生代		
	カンブリア紀	オルドビス紀	シルル紀	デボン紀	石炭紀	ペルム紀	三畳紀	ジュラ紀	白亜紀	古第三紀	新第三紀	第四紀

好奇心が強くて繁栄
カラスさん
人間の顔を覚えて見分ける
道具をつくって利用する種もいる

激熱バード偉人伝 #8

【変化を楽しむ好奇心が、圧倒的成果を生む】

鳥類の進化の頂点に立ち、シティライフを謳歌するカラス。デキる鳥はなにが違うのか？ 思考法をきいた。

「そもそも自分の力でなんとかしようとするのが間違い。あるものは使わなきゃ」

そう言うと、クルミを道路に落として自動車にひかせる。見事に割れた殻の中から、くちばしで実をとり出して微笑んだ。「なっ？」

仕事がデキる鳥は、遊びにも手をぬかない。

「最近ハマってるのは公園のすべり台。電線に逆さまにぶら下がるのがやめらんないって仲間もいるよ」

一見、ムダに思える遊び。しかしこうした行動から新たなアイデアや習性が生まれるのかもしれない。

「まず森を出ないと。狩って食べるという固定観念を捨て、人間のゴミをあされ」

こうしていてよかった
進化を待つな
行動を変えていけ

分類	鳥類
大きさ	全長40~70cm
生息地	世界中の陸地（南極をのぞく）
食べ物	昆虫、果実など

世界には40種以上のカラスが生息している。彼らは鳥のなかでもとくに脳が大きく、いちばん頭がいいという。しかも好奇心が旺盛で、生きるのに直接必要はない「遊ぶ」行動もよく見られる。そうした能力は、「都市」という新しい環境へ進出するのにも役立ったのだろう。雑食性でなんでもよく食べる点も都会ぐらしにぴったりで、人間を利用することでカラスは繁栄をとげている。

先カンブリア時代	古生代						中生代			新生代		
	カンブリア紀	オルドビス紀	シルル紀	デボン紀	石炭紀	ペルム紀	三畳紀	ジュラ紀	白亜紀	古第三紀	新第三紀	第四紀

コスパをよくして繁栄

アリさん

単純に疑問なんですけど、個が強い必要ってありますかね？ ほら、がんばって体大きくしたり、足速くしたりする動物とかいるじゃないですか。あれ、コスパ悪いですよね？

個が弱くても、数が圧倒的に多ければ勝てるんですよ。というか、数を増やしたいなら体のつくりは極力単純なほうがいい。生産コストをおさえられるので。

私たちも、祖先は羽とか毒針をもってましたけど、つくるのが大変なので捨てました。体も小さくしたんで、せまい巣でも大勢くらせます。**これだけコスパがいいからこそ、世界中で1000兆匹以上まで増えられたんです。**

子どもも、全員が産む必要なくないですか？ 女王アリが産んだ大量の卵を、協力して育てたほうが効率いいですよね。**個性？ そんなもの気にしてたら、アリ界では生き残れませんよ。**

こうしていてよかった
安くて大量生産できるものが結局最強なんですよ
ぞろ…
ぞろ…
エサの運び方も効率いい

昆虫を繁栄に導いた最大の武器は「羽」だが、アリはその羽を捨てたことでさらなる繁栄を手に入れた。それが、個体の生産コストを下げる戦略だ。群れ単位で繁殖の効率を高めるため、女王はひたすら産卵し続け、子育ては娘である働きアリにまかせる。働きアリは小型で羽をもたず、毒針を失った種も多いが、そのぶん成長に必要な栄養を節約できるので、個体数を増やしやすいのだ。

分類	昆虫類
大きさ	体長 0.1～3cm
生息地	世界中の陸地（極地をのぞく）
食べ物	昆虫、花の蜜、細菌など

先カンブリア時代	古生代						中生代			新生代		
	カンブリア紀	オルドビス紀	シルル紀	デボン紀	石炭紀	ペルム紀	三畳紀	ジュラ紀	白亜紀	古第三紀	新第三紀	第四紀

ゴミをあさって繁栄

アライグマさん

なーんだ、またリンゴの芯か。肉とか魚とか、景気のいいもんがほしいねえ。

ここいらのゴミ捨て場も、そろそろ潮時っすかねえ。今さら森に戻っても、どうしようもねえしなあ…。**森には、肉とか木の実とか虫とか、それしか食べない「スペシャリスト」がいやすからね。**あいつらと張り合ってもかないやせんよ。

だよなあ。**おいらたちはいろんなもんを食べる「ゼネラリスト」だからよお。**専門店じゃなく、定食屋スタイルなのよ。

でも「なんでも食べられる」からこそ、こうして人間の残飯を食べて、町では数を増やせたんすよね。

間違いねえ。そういや人間のやつら、**おいらたちを「ゴミパンダ」なんてよんでるらしいじゃねぇか。**大量の食べ残しを片づけてあげてるのに、失礼なやつらっすよ、まったく!

こうしていてよかった
好き嫌いがなくて
助かったわなあ

分類	ほ乳類
大きさ	体長 50cm
生息地	北アメリカ ※外来生物として日本やヨーロッパなどに分布
食べ物	肉、果実

アライグマは雑食で、好奇心が強く、手先が器用。こうした特徴は、自然環境よりも人間の周りでくらすのにうってつけだった。そのため、1940年代後半からアメリカが急激に豊かになり、人間が大量の食べ残しを捨てるようになると、生ゴミをあさったアライグマの生息数は15～20倍にも増えたのだ。「トラッシュパンダ」というあだ名もあるが、これは「ゴミを食べるレッサーパンダ」という意味。

先カンブリア時代	古生代						中生代			新生代		
	カンブリア紀	オルドビス紀	シルル紀	デボン紀	石炭紀	ペルム紀	三畳紀	ジュラ紀	白亜紀	古第三紀	新第三紀	第四紀

はさみを上手に使って繁栄

切ってよし！

ほってよし！

アメリカザリガニさん

逃げるオタマちゃんたち

さあ！寄ってらっしゃい見てらっしゃい！昭和2年に、海の向こうからやってきたアメリカ生まれのザリガニだよっ。

このはさみ、そんじょそこらのもんとは、わけがぁ違う！**バッサバッサと水草を切り倒し、隠れていたオタマジャクシをパクリ！**ヤゴもパクリ！みんな丸裸にして見つけちまうから、食い物にゃあ困らねぇ。

それだけじゃあございやせん！**池の底に数mの穴をほることだって、おちゃのこさいさいよ！**ぬくい穴の中で冬をこしたり、子どもをつくったり…**池の水をぜ〜んぶぬかれたって、穴の中なら平気の平左ときたもんだ！**

どうだい！お客さんも一つ…あん？「日本の生態系をあらすな」だって？……オー、ソーリー、ワタシ、ニホンゴワカラナイヨ。ワザトチガウヨ？

こうしていてよかった
ベンリナハサミガアッテ、ヨカタネ！

分類	甲殻類
大きさ	全長10cm
生息地	アメリカ南部 ※外来生物として日本やヨーロッパなどに分布
食べ物	水草、小魚、水生昆虫

アメリカザリガニは、食用ウシガエルのエサとして日本に輸入された外来種だ。しかしウシガエルの養殖は失敗に終わり、不要になったザリガニは池などに捨てられてしまう。ところが、そこで彼らは器用さをいかして繁栄をとげた。はさみで水草を切れば、獲物が隠れる場所を減らすことができるし、深い穴をほれば、冬に水が干上がる田んぼなどでもくらすことができるのだ。

先カンブリア時代	古生代						中生代			新生代		
	カンブリア紀	オルドビス紀	シルル紀	デボン紀	石炭紀	ペルム紀	三畳紀	ジュラ紀	白亜紀	古第三紀	新第三紀	第四紀

大腸菌さん
動物のおなかにすんで繁栄
今日も、あなたのおなかへ。
※これは大腸菌による広告です

6 わけあって繁栄しました

知っていますか？あなたの体重の1.5kgは、腸内細菌の重さです。

人間の腸には約3万種類もの細菌がすんでいます。その総数は1000兆個、重さ1.5kgにもなります。

でも、そのうちの99％は酸素が大の苦手。おなかから出ると死んでしまいます。けれど、わたしたち大腸菌は大丈夫。酸素がなくても温かく湿った場所なら、元気に動き回れます。分裂だってしちゃいます。たった1個の大腸菌が、20分で2個、40分で4個、12時間で687億1947万6736個に増えることもできるんです。ちょっとすごいでしょ？

さあ、今日も人間のうんこにまじって川へ、海へ、そしてまた動物のおなかの中へ。生まれたての赤ちゃんのおなかにも、お母さんのおなかからお引っ越し。場所も、時代もこえ、わたしたちは歩み続けます。

こうしていてよかった

環境を選り好みしなければ、うんと長く生きられます

分類	ガンマプロテオバクテリア類
大きさ	全長2マイクロメートル
生息地	鳥類やほ乳類の腸内
食べ物	糖質

大腸菌は、最も研究が進んでいる細菌（バクテリア）だ。基本的には一つの種だが、O111やO157など「株」のバリエーションがある。高温多湿を好む彼らにとって、動物の腸内というのは理想的な環境で、体温の高いほ乳類や鳥類の腸内に生息する。祖先がたまたま動物の体に入りこみ、体内の高温多湿な環境に適応したのだろうが、ほ乳類や鳥類の数が増えたため大繁栄をとげている。

先カンブリア時代	古生代						中生代			新生代		
	カンブリア紀	オルドビス紀	シルル紀	デボン紀	石炭紀	ペルム紀	三畳紀	ジュラ紀	白亜紀	古第三紀	新第三紀	第四紀

南極海の栄養を独占して
繁栄
ナンキョクオキアミさん
波に流されるだけのプランクトン
眼と足のつけねが発光する

ヤッピー！ 今日はピーカンで気分はアゲアゲ～！ 植物プランクトン食べ放題でマンモスうれピー♥

あの…私ここはじめてなんだけど、こんなに固まってて魚に襲われたりしない？

しーーん…わけわかめ。**ここらの海は冷たすぎて魚はほぼいないから大丈V。**

そーそー。だから泳ぎがゲロマズなあたしらでも安心安全感謝感激雨あられ★

な、なるへそ…。

もー！ 辛気くさいよ！ **ナンキョクオキアミは海のテッペンとったんだよ？** 重さを全部合わせたら3.8億tあるの。全人類と同じくらい重いの！ **魚なんかアウト・オブ・眼中だよ！**

めんごめんご。カノジョすぐプッツンしちゃうから。

なにも言えなくて夏…。

ねーえ！ 早くプランクトン食べまくろうよ～！

あ…あれクジラじゃない？

や～ん食べられちゃう～！

こうしていてよかった
冷たい海ほど
栄養豊富で
ラッキィ池田

分類	軟甲類
大きさ	体長6cm
生息地	南極海
食べ物	植物プランクトン

じつは温かい海よりも冷たい海のほうが酸素がよくとけこみ、栄養も豊富だ。しかし、環境にバリエーションが少ないので、生息している生き物の種類は少ない。そのため、競争に勝ったわずかな種が極端に個体数を増やしやすいのだ。ナンキョクオキアミは大型の動物プランクトン。ライバルの少ない南極海の環境で、微小な植物プランクトンをこしとって食べることで大成功をおさめた。

先カンブリア時代	古生代						中生代			新生代		
	カンブリア紀	オルドビス紀	シルル紀	デボン紀	石炭紀	ペルム紀	三畳紀	ジュラ紀	白亜紀	古第三紀	新第三紀	第四紀

石油(せきゆ)が発見(はっけん)されて繁栄(はんえい)イノシシさん

ゲフ〜

子育(こそだ)てするのはメスのみ

イノママの里山happyブログ♬

今日はチビたちを連れてドングリ狩り～！
親子そろってたっくさん食べたよ！ チビたちは大はしゃぎ♥

最近、こういう何気ない時間がほんと幸せだなって。
昔は、人間やオオカミに襲われて外歩くのこわかったな～⬇⬇
でも石油が発見されてからは、炭や薪の人気が落ちて
人間が木を切りにやってこなくなったの！
だから山でのびのび～

オオカミも最近見ないし。ほんと！ 平和がいちばん！
あ、帰りにヤマイモ見つけたよ(´艸｀)また太っちゃう～

コメント（3）

1 ツキノワグマ
イノシシは繁栄してよかったかもしれないけど…。
人間に絶滅させられそうな動物のキモチも考えて！

2 ニホンオオカミ
あたしなんて、もう人間に絶滅させられちゃったよ。

3 ハイイロオオカミ
>>2 私も気をつけなきゃ><

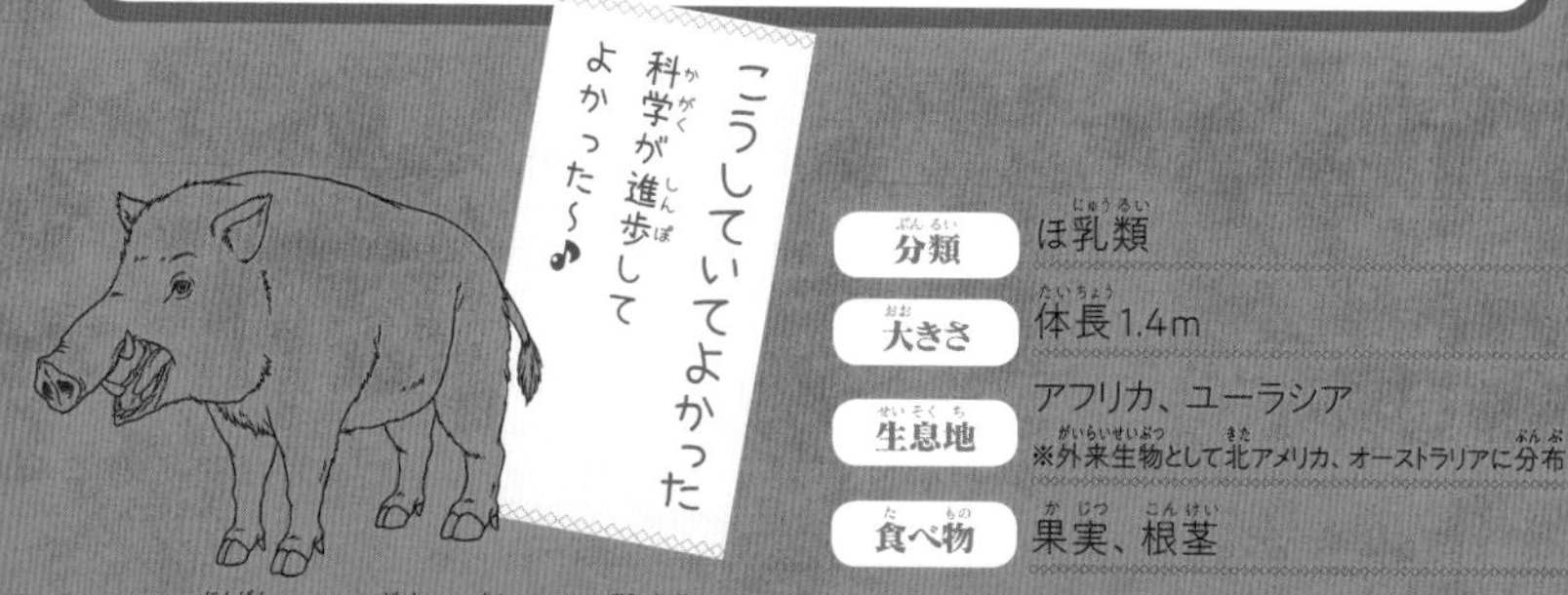

かつて、人間がすむ場所の近くには雑木林がつくられ、薪や炭を煮炊きをするのに使っていた。ところが19世紀以降、石油や石炭などの化石燃料が使われはじめると、雑木林は放置されるようになる。イノシシは狩猟や生息地の減少により、19世紀までは数が減り続けていた。しかし、ドングリなど木の実が豊富な雑木林が放置されたことで、20世紀になって再び繁栄することができたのだ。

先カンブリア時代	古生代						中生代			新生代		
	カンブリア紀	オルドビス紀	シルル紀	デボン紀	石炭紀	ペルム紀	三畳紀	ジュラ紀	白亜紀	古第三紀	新第三紀	第四紀

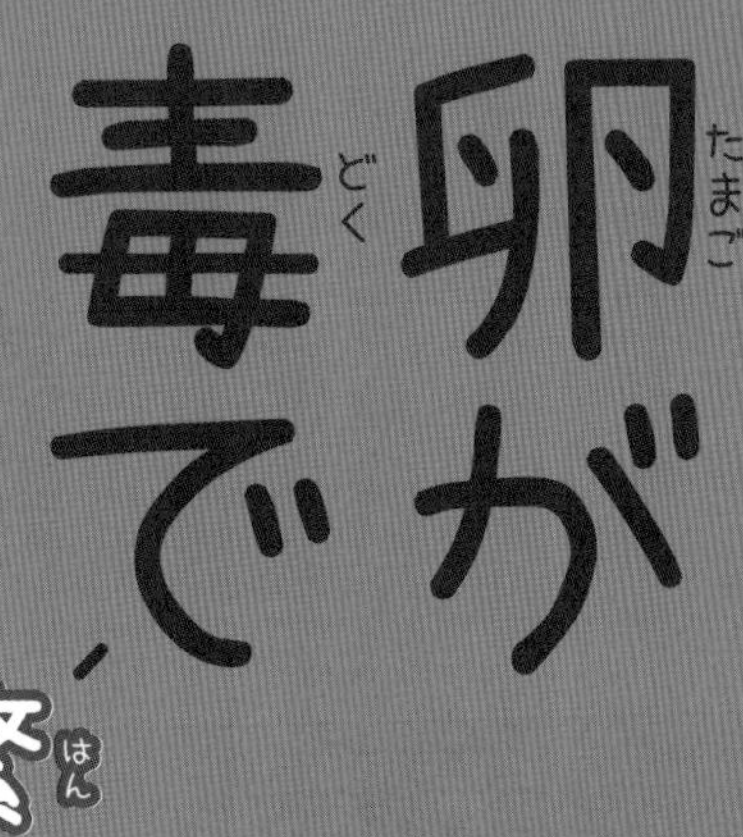

卵が毒で繁栄

ザザー…こちらコードネーム「ジャンボ」。これより「毒卵作戦」を開始します、どうぞ。

——こちら本部…了解した。

……卵の状態はどうだ？

現在、水面上の水草に200個ほど産卵完了。**発色もよく、目立っています。**

——了解だ…敵の状況は？

北北東より敵のハシボソガラスが接近中。あっ！敵、卵を発見しました。

……間もなく接触します！

——どうだ、食べたか？

……応答せよ…！

こちらジャンボ。**敵、卵を数個食べたあと、ただちに吐き出しました！**

——よし！作戦成功だ…！

これで二度と我々の卵を食おうなどと思わんだろう。

はい！卵は苦いうえに神経毒PcPV2がたっぷりつまってますからね。**カラスのやつ、次からはピンクの卵を見ただけでさっさと逃げ出すことでしょう！**

分類	腹足類
大きさ	殻の長さ7cm
生息地	南アメリカ ※外来生物としてアジアや北アメリカなどに分布
食べ物	草、昆虫の死体

1970年代に食用として日本に持ちこまれたものの、養殖事業は失敗。その一部が水田などで野生化した。彼らは、ふ化したあとは水中でくらすが、鮮やかなピンク色の卵は、水のかからないところにまとめて産む。この卵には強い毒があるので、わざと目立たせて「食べるな危険」と警告しているのだ。無防備な卵の時期を安全に過ごせるため、彼らは外来生物として世界各地で繁栄している。

先カンブリア時代	古生代						中生代			新生代		
	カンブリア紀	オルドビス紀	シルル紀	デボン紀	石炭紀	ペルム紀	三畳紀	ジュラ紀	白亜紀	古第三紀	新第三紀	第四紀

釣りが流行って繁栄

そこなし

作・黒沢賢治

２匹のブラックバスの子どもらが、青白い湖の底で話していました。

「魚がプカプカういてるよ」

「魚がピンピンはねてるよ」

「おいしそうな魚だなあ」

１匹の子が、たまらず目の前の魚にかぶりついた、そのときです。子どもはぐん、と水の外へと引き上げられました。

残された子がふるえていると、父バスが来ました。

「お父さん、今、おかしな魚がいたよ。かみついた子が上へのぼっていったよ」

「そいつは魚じゃない、ルアーというんだ。私たちバスを釣るための、つくりもののエサだよ」

「あの子が食べられちゃう」

「安心しろ、人間は食べやしない。じきに帰ってくる」

「じゃあ、なんで釣るの？」

「釣った魚の大きさを競っているのさ。大きいバスを釣った人ほど、ほめられたりお金がもらえたりする。だから人間は私たちを増やすんだよ」

分類	硬骨魚類
大きさ	全長50cm
生息地	北アメリカ ※外来生物として日本やヨーロッパなどに分布
食べ物	魚、カエル、甲殻類

1925年、アメリカ留学経験のある資産家の赤星鉄馬は、日本でもバス釣りを楽しみたいと思い、正式な手続きをへてブラックバスを輸入した。そして芦ノ湖に87匹が放流されたのだが、その後、バス釣りを広めようとする人間が各地の池や湖に放流を続けたため、今では日本全国に分布を広げている。ブラックバスが日本で繁栄できたのは、バス釣りを広めようという人間の努力の結果なのだ。

先カンブリア時代	古生代						中生代			新生代		
	カンブリア紀	オルドビス紀	シルル紀	デボン紀	石炭紀	ペルム紀	三畳紀	ジュラ紀	白亜紀	古第三紀	新第三紀	第四紀

おわりに

この本で、『わけあって絶滅しました。』シリーズも3冊めになりました。
今回ははじめて、「わけあって絶滅しそう」な生き物をとり上げています。
これは、過去の絶滅とは違い、
今を生きるわたしたちがどうにかしなければならない問題です。

もしあなたが、絶滅しそうな生き物のために
「なにかしなくちゃ」と思ったならば、それはとてもすばらしいことです。
でも、今すぐに、なにかをはじめようとしなくたって大丈夫。

絶滅しそうな生き物がいることを知り、「なにかしなくちゃ」
という気持ちになったなら、それだけですばらしいことなんです。

みなさんが大きくなったときに、生き物の研究や、
環境を守る仕事をしている人は、きっとわずかでしょう。
でも、世の中を動かすのは、そんな人たちばかりではありません。

ふつうの人たちが、ふつうに生き物や環境に配慮する、
そういう社会をつくることが大切なんです。
みなさんが、「なにかしなくちゃ」という気持ちを
いつまでも忘れなければ、そんな未来がきっとくると思います。

丸山貴史

さくいん

この本に登場した生き物たち

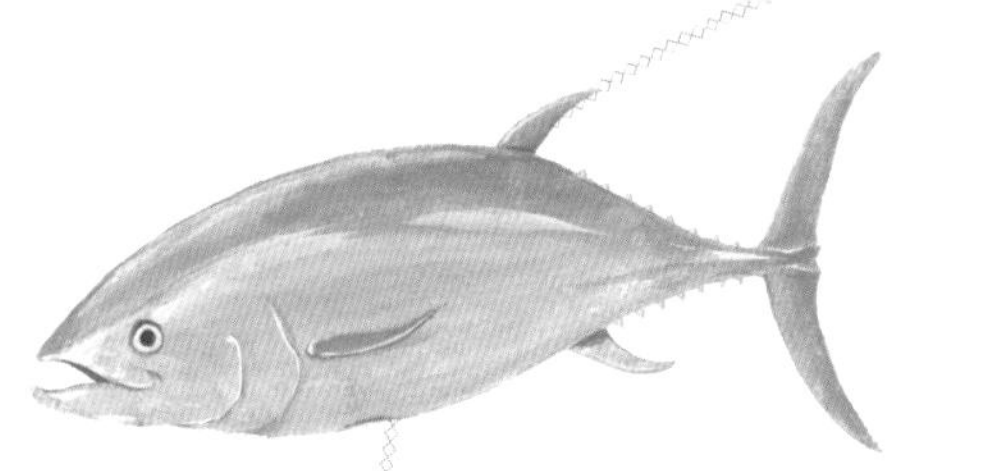

［監修者］**今泉忠明**（いまいずみ　ただあき）

東京水産大学（現東京海洋大学）卒業。国立科学博物館で哺乳類の分類学・生態学を学ぶ。文部省（現文部科学省）の国際生物学事業計画（IBP）調査、環境庁（現環境省）のイリオモテヤマネコの生態調査等に参加する。上野動物園の動物解説員を経て、東京動物園協会評議員。おもな著書に『野生ネコの百科』（データハウス）、『動物行動学入門』（ナツメ社）、『猫はふしぎ』（イースト・プレス）等。監修に『ざんねんないきもの事典』シリーズ（高橋書店）等。単独性でひっそり暮らし、厳しい子育てをする、チーターやヒョウ等のネコ科の動物が好き。

［著者］**丸山貴史**（まるやま　たかし）

図鑑制作者。ネイチャー・プロ編集室勤務を経て、ネゲブ砂漠にてハイラックスの調査に従事。『ざんねんないきもの事典』『続ざんねんないきもの事典』（ともに高橋書店）の執筆や、『せつない動物図鑑』（ダイヤモンド社）の編集、『生まれたときからせつない動物図鑑』（ダイヤモンド社）の監訳等を手がける。好きな動物はツチブタ。理由は、たった1種でツチブタ目を構成する孤高さや、シロアリ食なのに伸び続ける臼歯をもつ独自性等、あらゆる点でかっこいいから。

［絵］**サトウマサノリ**（さとう　まさのり）　1～3章

絵本作家・イラストレーター。著書に『だれでもおんど』『おっと　あぶない！』『ちかてつライオンせん』（パイ インターナショナル）、『わけあって絶滅したけど、すごいんです。』（ダイヤモンド社）等。挿絵に『なつのもりの かぶとむし』（文溪堂）等。毎日アマガエルに癒やされています。

［絵］**ウエタケヨーコ**（うえたけ　よーこ）　4～5章

イラストレーター。多摩美術大学卒業。児童書や子ども向け番組を中心に活動中。動物園でじっと観察していると、中に人間が入っているかのような動きをするクマが好き。

［絵］**ヒダカナオト**（ひだか　なおと）　134～137ページ

画家・イラストレーター。岡山県立大学デザイン学部卒業。卒業後、毎年個展を開催しながら、イラストレーターとして書籍や広告のイラストを制作している。縞模様が綺麗なトラが好き。

［絵］**いわさきみずき**　巻頭、6章

多摩美術大学卒業。子ども向け番組のアニメーションをはじめ、イラストレーション、キャラクターデザインを制作。ホッキョクグマが好き。ウツボを飼っている。

［絵］**伊豆見香苗**（いずみ　かなえ）　生きた化石のステージ、別冊『わけあって根絶されました。』

1993年沖縄生まれ。横浜美術大学卒業。クリエイター「#GIFの伊豆見」として幅広く活動中。海の生き物が好きで水族館によく行く。特に甲殻類は食べるのも好き。

［絵］**なすみそいため**　図鑑線画イラスト

2004年よりフリーのイラストレーターとして活動を開始。書籍や広告、Web等のイラスト、キャラクターデザインを手がける。姿も模様もかっこいいチーターが好き。

も～っと わけあって絶滅しました。

──世界一おもしろい絶滅したいきもの図鑑

2020年7月8日　第1刷発行
2023年4月6日　第8刷発行

監修者 ―― 今泉忠明
著　者 ―― 丸山貴史
発行所 ―― ダイヤモンド社
〒150-8409 東京都渋谷区神宮前6-12-17／電話 03･5778･7233（編集）03･5778･7240（販売）
https://www.diamond.co.jp/

構成 ―― 澤田憲／編集協力 ―― 田中絵里子
装丁・本文デザイン ―― 杉山健太郎／本文レイアウト ―― 八田さつき
DTP・製作進行 ―― ダイヤモンド・グラフィック社／校正 ―― 鷗来堂＋三森由紀子
印刷 ―― 勇進印刷／製本 ―― ブックアート
編集担当 ―― 金井弓子（kanai@diamond.co.jp）

©2020 Tadaaki Imaizumi, Takashi Maruyama
ISBN 978-4-478-11068-3
落丁・乱丁本はお手数ですが小社営業局宛にお送りください。送料小社負担にてお取替えいたします。但し、古書店で購入されたものについてはお取替えできません。／無断転載・複製を禁ず／Printed in Japan